耿 静　方华军　程淑兰　著

氮磷富集对森林土壤碳积累的差异性影响及其驱动机制

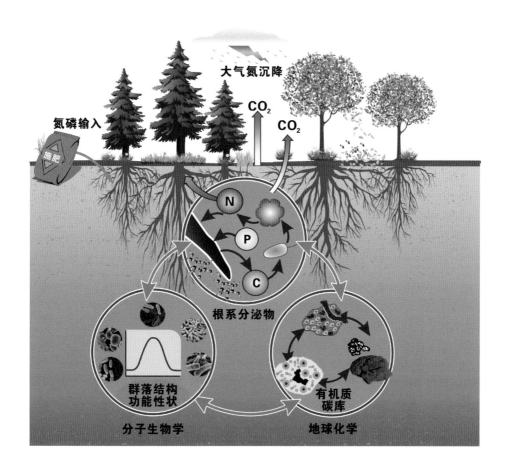

中国农业科学技术出版社

图书在版编目（CIP）数据

氮磷富集对森林土壤碳积累的差异性影响及其驱动机制 / 耿静，方华军，程淑兰著. --北京：中国农业科学技术出版社，2022.12
ISBN 978-7-5116-6144-9

Ⅰ.①氮… Ⅱ.①耿… ②方… ③程… Ⅲ.①土壤成分－氮－影响－森林土－碳－储量－研究 ②土壤成分－磷－影响－森林土－碳－储量－研究 Ⅳ.①S714

中国版本图书馆CIP数据核字（2022）第 246800 号

责任编辑　申　艳
责任校对　李向荣
责任印制　姜义伟　王思文

出 版 者	中国农业科学技术出版社
	北京市中关村南大街 12 号　　邮编：100081
电　　话	（010）82106636（编辑室）　（010）82109702（发行部）
	（010）82109709（读者服务部）
网　　址	https：// castp.caas.cn
经 销 者	各地新华书店
印 刷 者	北京中科印刷有限公司
开　　本	170 mm × 240 mm　1/16
印　　张	12.25
字　　数	210 千字
版　　次	2022 年 12 月第 1 版　2022 年 12 月第 1 次印刷
定　　价	68.00 元

━━━━◆ 版权所有·侵权必究 ◆━━━━

Preface 前 言

大气氮沉降是陆地生态系统重要的氮输入过程，对维持生态系统氮平衡和生产力至关重要。然而，人类活动加速了氮的输入过程，显著改变了陆地生态系统的过程和功能。目前有关氮沉降驱动陆地生态系统固碳效率的研究结果存在很大的不确定性，氮素富集条件下土壤碳储量的演变方向也存在分歧。陆地生态系统净初级生产力（NPP）除了受氮限制外，还会受磷限制或受氮磷共同限制。大气氮沉降会改变生态系统磷的赋存形态和生态化学计量平衡，进而影响生态系统碳的转化和累积过程。目前，关于氮沉降增加以及不同形态氮添加对陆地生态系统碳过程和碳平衡的研究较多，在响应格局和驱动机制方面已取得一系列普遍的共识。但是，有关外源性磷输入以及氮磷交互作用对陆地生态系统碳循环的影响研究还十分薄弱，导致陆地生态系统固碳潜力估算存在很大的不确定性。

大气氮磷沉降增加可能会改变森林土壤养分的可利用性、底物的化学质量和土壤微生物组成及功能，进而影响土壤有机质（SOM）的储量与稳定性。然而，由于上述过程十分复杂，有关不同氮素剂量和形态以及氮磷交互对典型森林土壤有机碳（SOC）截存的影响及其微生物学机制尚不清楚。本书基于我国东部南北森林样带2个多形态、多剂量无机氮添加，1个有机氮添加以及2个氮磷添加控制试验平台，利用SOM物理分组、^{13}C交叉极化魔角自旋核磁共振（^{13}C-CP/MAS NMR）和热裂解-气相色谱-质谱联用技术（Py-GC/MS），测定全土、不同SOM组分的有机单体和主要官能团的比例，研究不同氮素形态和剂量对SOC组成、来源、降解程度和化学稳定性的影响。同时，构建^{13}C标记底物的室内培养试验，测定源于添加底物和原SOM的CO_2释放量和激发效应值，分析氮磷富集对森林生态系统SOC矿化及激发效应的影响。利用微孔板荧光、磷脂脂肪酸和高通量测序方法分别测定土壤胞外酶活性、微生物生物量和群落组成，探讨氮磷富集对介导土壤碳累积与释放的微生物群落结构及功能的影响。

  本书共分7章。第1章概述了研究的背景与意义，综述了该领域的研究进展，提出现有研究的薄弱环节；第2章基于多形态、多剂量的无机氮添加控制试验，研究了寒温带针叶林和亚热带人工林SOC组成和化学结构对增氮的响应特征；第3章阐述了无机氮添加形态和剂量对微生物群落的影响，阐明了无机氮添加对寒温带针叶林和亚热带人工林土壤碳动态影响的微生物学机制；第4章基于多剂量有机氮添加控制试验，研究了有机氮添加对温带森林SOC数量、组成及微生物群落结构的影响，阐明了有机氮富集条件下SOC累积的微生物学机制；第5章基于长期的氮磷添加试验平台，构建^{13}C标记的葡萄糖培养试验，研究了氮磷富集条件下底物输入对亚热带常绿阔叶林和温带针阔混交林SOM矿化和激发效应的影响；第6章基于土壤酶活性和微生物群落组成测定，研究了氮磷富集对温带和亚热带人工林SOM激发效应影响的微生物学机制；第7章进行了总结和展望。

  本书得到了国家自然科学基金（41977041，31770558，32101301）、中国科学院战略性先导科技专项（XDA28130100）、科学技术部第二次青藏高原综合科学考察研究（2019QZKK1003）、青海省"高端创新创业人才"计划项目、井冈山农高区省级科技专项"揭榜挂帅"项目（20222-051244）和井冈山国家农业高新技术产业示范区科技计划项目（2021）资助，作者在此表示衷心感谢。

  由于作者水平有限，书中难免存在疏漏之处，敬请读者批评指正。

作 者

2022年10月1日

Contents 目 录

第1章　绪　论 ·· 1

　　1.1　研究背景及意义 ·· 1

　　1.2　国内外研究现状 ·· 4

　　1.3　研究目标、研究内容和技术路线 ··· 14

第2章　氮素形态和剂量对森林土壤有机碳数量和质量的影响 ··············· 17

　　2.1　引言 ··· 17

　　2.2　材料与方法 ·· 18

　　2.3　结果与分析 ·· 23

　　2.4　讨论 ·· 48

　　2.5　本章小结 ··· 59

第3章　氮素形态和剂量对土壤微生物群落的影响 ································ 60

　　3.1　引言 ··· 60

　　3.2　材料与方法 ·· 61

　　3.3　结果与分析 ·· 63

　　3.4　讨论 ·· 77

　　3.5　本章小结 ··· 83

第4章　有机氮添加对温带森林土壤有机碳及微生物群落的影响 ············ 84

　　4.1　材料与方法 ·· 86

4.2　结果与分析 ………………………………………………… 89
　　4.3　讨论 …………………………………………………………… 94
　　4.4　本章小结 ……………………………………………………… 97

第5章　氮磷富集对土壤有机质矿化和激发效应的影响 ………… 98
　　5.1　引言 …………………………………………………………… 98
　　5.2　材料与方法 …………………………………………………… 99
　　5.3　结果与分析 ………………………………………………… 104
　　5.4　讨论 ………………………………………………………… 116
　　5.5　本章小结 …………………………………………………… 119

第6章　氮磷富集影响土壤有机质矿化和激发效应的微生物学机制 ……… 120
　　6.1　引言 ………………………………………………………… 120
　　6.2　材料与方法 ………………………………………………… 121
　　6.3　结果与分析 ………………………………………………… 124
　　6.4　讨论 ………………………………………………………… 141
　　6.5　本章小结 …………………………………………………… 144

第7章　结论和展望 …………………………………………………… 147
　　7.1　主要结论 …………………………………………………… 147
　　7.2　主要创新点 ………………………………………………… 149
　　7.3　研究不足与展望 …………………………………………… 149

参考文献 ………………………………………………………………… 152

第1章　绪　论

1.1　研究背景及意义

1.1.1　研究背景

大气氮沉降是陆地生态系统重要的氮输入过程,对维持生态系统氮平衡和生产力至关重要(Fleischer et al.,2013)。然而,人类活动加速了氮的输入过程,显著改变了陆地生态系统的过程和功能(Stevens,2019)。据估计,过去145 a(1860—2005年)全球大部分区域氮沉降已超过10 kg·hm^{-2}·a^{-1},预计到2050年达到50 kg·hm^{-2}·a^{-1}(Galloway et al.,2004,2008)。我国大气氮沉降量比北美和欧洲高30%(Hoesly et al.,2018),在2011—2015年期间平均为(20.4±2.6)kg·hm^{-2}·a^{-1}(Yu et al.,2019)。大气氮沉降主要包括干、湿两种途径,沉降形态包括液态(NH$_4^+$、NO$_3^-$、DON)、气态[NH$_3$、HNO$_3$、NO$_x$(NO+NO$_2$)、PAN]和气溶胶(pNH$_4^+$、pNO$_3^-$),从化学结构上可分成无机氮和有机氮。其中,无机氮主要由氧化型氮(NO、NO$_2$和NO$_3^-$)和还原型氮(NH$_3$和NH$_4^+$)组成(Liu et al.,2011)。铵态氮(NH$_4^+$-N)是我国氮沉降的主要形式,它主要来源于农业源中的化肥以及畜牧业畜禽粪便中NH$_3$的挥发;硝态氮(NO$_3^-$-N)主要来源于工业生产、燃煤和汽车尾气排放等过程(Lü and Tian,2007;Beyn et al.,2015)。自1980年以来,随着经济的飞速发展,来源于化石燃料及生物质燃烧的NO$_3^-$-N在我国氮沉降中所占的比例越来越高(Liu et al.,2016a;Yu et al.,2019)。

由于大多数陆地生态系统生产力普遍受氮限制,大气氮沉降增加会显著促进植物生长和生态系统碳固定,是正确解释"失踪碳汇"(Missing carbon sink)的重要途径(de Vries et al.,2014)。目前有关氮沉降驱动陆地生态系统固碳效率的研究结果存在很大的不确定性,不同学者估计的"氮促碳汇"范围为220~740 Tg·a^{-1}(Jain et al.,2009;Zaehle et al.,2011;de Vries and Butterbach-Bahl,2014;Fleischer et al.,2015)。此外,氮沉降通过改变植物生长(LeBauer and Treseder,2008)、凋落物分解(Knorr et al.,2005)以及微生物群落组成和活性(Treseder,2008)影响土壤碳动态。然而,氮素富集条件下土壤碳储量的演变方向也存在分歧,包括增加(Pregitzer et al.,2008)、降低(Boot et al.,2016)和不变(Lu et al.,2011)3种结论,施加每千克氮所引起的土壤碳汇增量为0~70 kg(de Vries et al.,2006;Janssens et al.,2010;Maaroufi et al.,2015);与植被"氮促碳汇"相比,地下生态系统不确定性更大。

还原型氮(NH_4^+)和氧化型氮(NO_3^-)带有相反的电荷,在土壤中具有不同的移动性、离子交换能力以及微生物同化和植物的吸收偏好,因此,它们对土壤碳循环过程可能有截然不同的影响(图1.1;Wang et al.,2018)。通常来讲,NO_3^-难以被有机质和矿物质吸附,在土壤中移动性强,而NH_4^+更容易被强烈吸附在土壤阳离子交换点位上、固定于黏土夹层或稳定于土壤有机质(SOM)中(Currey et al.,2010)。一般而言,微生物和植物表现出对NH_4^+的偏好吸收,因为生物细胞吸收同化NO_3^-所消耗的能量要大于吸收同化相同数量的NH_4^+(Kuzyakov and Xu,2013)。此外,为了维持体内的电荷平衡,根系吸收过量阳离子的同时会向土壤释放大量的H^+,因而植物吸收NH_4^+对土壤酸化的影响更显著(Hinsinger et al.,2003;Wang and Tang,2018)。通过上述分析发现,NH_4^+和NO_3^-可能对土壤有机碳(SOC)库的影响迥异。然而,之前的研究主要集中在单一形态高剂量氮添加对土壤碳截存的影响,对多形态及低剂量氮输入是否存在差异性影响报道较少。

陆地生态系统净初级生产力(NPP)除了受氮限制外,还会受磷限制或受氮磷共同限制(Elser et al.,2007;Vitousek et al.,2010)。与人类活动以多种方式向大气中排放含氮化合物(NO_x和NH_3)不同,大气磷沉降的主要来源是燃烧后的灰尘,量少且植物难以吸收利用(Mahowald et al.,2008;Vet et al.,2014)。研究表明,大气氮沉降会改变生态系统磷的赋存形态和生态化学计量平衡，进而影响生态系统碳的转化和累积过程（Li et al., 2016）。例如，氮沉降增加促使植物根系和土壤微生物合成更多的胞外磷酸酶，加速SOM中有机磷的矿化和磷酸盐的溶解释放（Gress et al., 2007）；同时，氮沉降增加也会导致土壤酸化和Fe^{3+}、Al^{3+}浓度升高，并增强土壤对有效磷的吸附，从而降低土壤磷的可利用性（Matson et al., 1999）。此外，全球大气氮磷沉降的比值（46.5）远高于陆地植物最佳生长的N/P比（16~22），不利于植物的生长和生物量积累（Peñuelas et al., 2013）。我国区域湿沉降的N/P比更大（77±40），与土壤N/P比负相关（Zhu et al., 2015）。因此，氮沉降的持续增加会促使生态系统由氮限制转变为磷限制，随着土壤N/P比持续升高，磷对生态系统碳循环的限制作用会逐渐增强（Vitousek et al., 2010；Peñuelas et al., 2013）。遗憾的是，有关外源性磷输入以及氮磷交互作用对陆地生态系统碳循环的影响研究还十分薄弱，陆地生态系统固碳潜力的估算存在很大的不确定性。

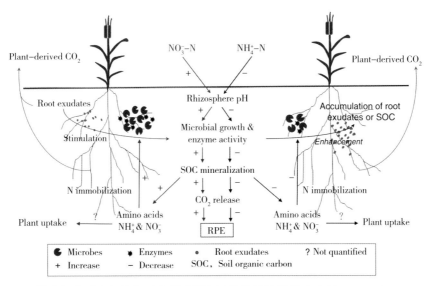

图1.1 铵态氮和硝态氮输入对土壤碳循环过程的差异性影响（Wang et al., 2018）

注：NO_3^--N，硝态氮；NH_4^+-N，铵态氮；Root exudates，根系分泌物；Rhizosphere pH，根际pH；N immobilization，氮固持；Microbial growth & enzyme activity，微生物生长及酶活性；SOC mineralization，土壤有机碳矿化；Amino acids，氨基酸；Plant-derived CO_2，来源于植物的CO_2；RPE，根际激发效应；Accumulation of root exudates or SOC，根系分泌物或土壤有机碳累积；Plant uptake，植物吸收；CO_2 release，CO_2排放；Enhancement，增强；Stimulation，刺激。

全球森林面积为3.89×10^9 hm^2，约占陆地面积的1/3（Lindquist et al.，2012），其碳储量高达（861 ± 66）Pg，占全球碳汇的82%，固碳效率为（2.4 ± 0.5）$Pg \cdot a^{-1}$（Pan et al.，2011；Le Quéré et al.，2015）。然而，大气氮磷沉降时空分布格局不同造成不同森林生态系统受氮磷限制状况存在差异（Peñuelas et al.，2013）。亚热带人工林土壤高度风化，呈强酸性，磷含量缺乏，且碳、氮、磷化学计量比进一步表明其高度受磷限制（Ushio et al.，2015；He D et al.，2016）。而温带和寒温带针叶林土壤碳、氮、磷含量高于亚热带人工林，更加受氮限制（Xu Z et al.，2017）。不同气候区地带性森林对气候变化和人为干扰的响应不同（Powers and Schlesinger，2002）。因此，了解氮沉降和氮磷交互作用对不同森林生态系统SOC动态的影响机制，可有效控制森林土壤碳损失，降低陆地碳汇评估的不确定性。

1.1.2　研究意义

本研究拟以中国东部南北森林样带（NSTEC）4个典型森林生态系统为研究对象，基于多形态、多剂量氮素以及氮磷添加控制试验平台，探讨氮沉降以及氮磷交互对南北典型森林土壤碳循环关键过程及其功能微生物群落的影响，揭示森林SOC积累与损耗的生物化学和微生物学机制。理论上，本研究可为陆地生态系统碳-氮-磷循环耦合模型的构建与完善提供参数校正，深入揭示氮磷富集条件下森林SOC截存和损耗的机理；在实践上，本研究可有效降低陆地"氮促碳汇"评估的不确定性，提高森林养分利用效率，并可为森林生态系统应对全球变化提供科学依据。

1.2　国内外研究现状

1.2.1　氮素富集对有机碳库及其化学稳定性的影响

SOM库由不同分解阶段的有机物组成，包括完全分解的腐殖质、半分解有机残体、微生物及其排泄物（Caron et al.，1996），可根据稳定性和周转时间分成不同的功能组分（von Lützow et al.，2007）。按照密度可将SOM分为游离态轻组（Free light fraction，FLF）、闭蓄态轻组（Occluded light fraction，OLF）和重组（Heavy fraction，HF）等组分（Roscoe and Buurman，2003）。轻组主要由半分解的植物、微生物残体组成，而重组主要由有机-矿质复合体组成（von Lützow et al.，2007）。游离态轻组大部分不受保护，闭蓄态轻组和重组受物理和化学保护而不易被分解（Six et al.，2002；von Lützow et al.，2007）。按照粒径可将SOM分成不同粒径的团聚体，包括大团聚体（Macroaggregates，>250 μm）、微团聚体（Microaggregates，53～250 μm）以及粉黏粒组分（Silt+clay，<53 μm）。团聚体分组是对与不同粒径次生有机-矿物聚合物结合的游离态或保护态SOM组分进行划分（von Lützow et al.，2007）。3种团聚体组分的固碳机制与密度组分类似。大团聚体结合态有机碳（MacroAOC）由部分游离已分解植物残体和一些微团聚体结合态有机碳（MicroAOC）组成（Six et al.，2002），而微团聚体结合态有机碳（MicroAOC）仅占其中的一小部分（Pulleman and Marinissen，2004）。微团聚体结合态有机碳（MicroAOC）表示团聚体内的闭蓄态碳组分，与闭蓄态轻组碳组分（OLF-C）性质类似。而矿质结合态有机碳（MAOC）与重组碳（HF-C）相似（von Lützow et al.，2007）。SOC不同组分对外源性氮输入的响应并不一致，取决于生态系统类型、施氮剂量与形态以及持续时间。游离态轻组碳（FLF-C）动态取决于碳输入（地上凋落物和地下根系残体）与碳输出（分解）之间的平衡。集成（Meta）分析结果表明，增氮后地上凋落物生产及总根生物量分别增加了20.9%和23.0%（Xia and Wan，2008；Liu and Greaver，2010；Lu et al.，2011；Yue et al.，2016）。就碳损失而言，增氮会刺激高质量凋落物的分解，碳损失增加2%，但增氮导致低质量凋落物分解降低5%（Knorr et al.，2005）。因此，施氮总体上增加游离态轻组碳含量，可解释为有机残体输入的增加大于凋落物的分解。由于闭蓄态轻组碳（OLF-C）受团聚体物理保护（von Lützow et al.，2007；Wagai et al.，2009），因此，增氮对该组分的影响不明显。就重组碳（HF-C）而言，多数研究表明，增氮导致更多的有机物转化成与矿物质结合的、稳定性更高的碳（Neff et al.，2002；Hagedorn et al.，2003；Moran et al.，2005；Cusack et al.，2010a），主要包括以下潜在影响机制：①无机氮通过与有机质发生缩合反应，促进植物残体与矿质结合态组分结合（Moran et al.，2005）；②增氮提升植物和土壤微生物细胞中含氮的类蛋白质化合物的产生，进而促进有机-矿质复合体的形成（Kleber et al.，2007）。总的来说，增氮对不同SOC组分的影响不同，倾向于增加游离态以及化学抗性的有机质组分，而对受物理保护的组分影响不明显，这与不同组分的固碳机制密不可分。不同团聚体结合态碳组分对增氮的响应大多与密度

分组响应类似。然而，由于大团聚体结合态碳包括游离态轻组碳以及一些微团聚体结合态碳，施氮对后者无明显影响，因此，施氮对大团聚体结合态碳的影响比对游离态轻组碳的影响小一些（Chen et al., 2018）。尽管现有研究对不同SOC组分对增氮的响应已有一些初步结果，但针对不同森林生态系统、氮素形态及剂量、施氮时间对土壤不同组分有机碳库的影响研究仍旧缺乏。

SOC的截存与稳定是一个物理、化学和生物共同作用的过程（Liao et al., 2006）。SOM的稳定机制分为3类（Schrumpf et al., 2013）：①土壤团聚体的物理保护；②SOM的化学稳定性；③金属氧化物、无机氮离子和黏土矿物/有机碳的结合。例如，NH_4^+和NO_3^-能够结合到SOM骨架中，生成微生物难以降解的化合物（如杂环氮化合物，Thorn and Mikita, 1992），或通过氮键生成酚聚合物（Nömmik and Vahtras, 1982），进而促进SOC的积累。SOM由多种复杂的有机分子单体和化合物组成（Solomon et al., 2007），不同组分化学结构的差异导致SOM化学稳定性千差万别（Crow et al., 2009）。新增的SOC能否在土壤中稳定持留在很大程度上取决于SOM的化学结构（Shrestha et al., 2008）。类似地，土壤碳化学结构组成的变化对氮沉降的响应也取决于输入与输出的平衡。基于全球Meta分析结果，发现氮添加导致土壤木质素含量显著增加了7.3%（Liu et al., 2016）。一方面，土壤木质素可能与植物源木质素输入有关，已有研究表明施氮能够显著增加植物木质素含量（Li et al., 2015）；另一方面，施氮可通过抑制木质素分解酶的合成降低土壤木质素的分解（Fog, 1988; Carreiro et al., 2000; Waldrop et al., 2004a; ）。由于木质素及其降解产物（如酚类化合物、醌类化合物及脂类化合物）是腐殖质形成的前体（Fustec et al., 1989; Yavmetdinov et al., 2003），因此，氮沉降可加速腐殖质形成并提高SOM稳定性（Magill and Aber, 1998; Waldrop et al., 2004a）。同样地，Pisani等（2015）也发现，氮素富集会增加北美哈佛森林凋落物层植物源碳输入，并提高木质素的氧化程度，导致矿质层土壤植物源烷基碳和微生物源有机质的富集。土壤氮素有效性不同的森林对增氮响应差异很大。Cusack等（2010b）研究指出，施氮增加了低海拔热带森林土壤革兰氏阴性细菌的丰度，导致活性的烷氧基碳丰度显著下降；相反，施氮增加了高海拔热带森林真菌生物量，进而降低了烷基碳的含量，其中胞外酶提供了微生物群落结构与SOM化学结构在功能上的关联。基于三维荧光光谱（3DEEM）和^{13}C交叉极化魔角自旋核磁共振（^{13}C-CP/MAS NMR）等大量研究结果，许多研究者发现矿质氮输入倾向于耗竭土壤渗漏液中可溶有机质（DOM）的缩聚物和芳香化合物，暗示芳香族化合物在土壤中的大量积累（Kalbitz et al.，2005；Michel et al.，2006；Fang et al.，2014）。就有机质化学结构测定方法而言，^{13}C-CP/MAS NMR技术擅长表达复杂大分子化学结构的总体特征，而热裂解-气相色谱-质谱联用技术（Py-GC/MS）通过将大分子化合物降解为小分子化合物，能够更加精确地表征有机质的分子结构（周萍等，2011）。综上所述，物理分组能够认识有机-矿物颗粒空间排列对SOC动态的影响，而化学分析可以从分子水平上理解不同有机单体和化合物之间的联系。因此，在SOM物理分组的基础上，结合化学分析技术（^{13}C-CP/MAS NMR和Py-GC/MS）能够进一步阐明不同氮素剂量及形态对SOM组成和化学稳定性影响的生物化学机制。

1.2.2　氮素富集对土壤微生物群落数量和结构的影响

通俗而言，土壤微生物群落组成即是谁发生了变化？变化了多少？微生物功能即是它们正在干什么？土壤微生物受土壤氮素有效性控制，并通过改变SOM输入与分解显著影响着陆地生态系统碳循环（Xu et al.，2016，2017）。通常氮含量高的底物更易被微生物分解，进而导致微生物产物的累积并伴随着稳定有机质的形成（Cotrufo et al.，2013）。相反，氮含量低的底物会导致更多的碳被呼吸排放而不利于稳定有机质截存（Xu et al.，2014b）。氮素富集可通过直接或间接影响微生物生物量（Treseder，2008；Lu et al.，2011）（图1.2）。例如，氮添加引起土壤酸化并导致Ca^{2+}、Mg^{2+}和Na^+流失或Al^{3+}毒性效应（Vitousek et al.，1997），进而抑制微生物生长。此外，氮添加可通过加剧微生物碳限制而间接影响微生物生物量。其一，过量的氮可抑制白腐菌产生木质素酶（Wardrop and Zak，2006），由于木质素可能被包裹或被物理保护在其他化合物上，阻碍微生物获取碳或能量（Malherbe and Cloete，2002）。其二，含氮化合物与碳水化合物发生缩合反应生成类黑精（Melanoidin）（Fog，1988），并进一步加强多酚化合物的聚合作用生成微生物难分解的惰性产物。与之相反，氮添加增加微生物生物量可解释为氮素可增加地上/地下植物生长，缓解微生物碳、氮限制进而增加微生物生物量（Lebauer and Treseder，2008；Xia and Wan，2008）。此外，施氮导致土壤氮素有效性增加也会引起微生物群落结构组成发生改变（Mooshammer et al.，2014；Zhou and Wang，2017）。与细菌相比，真菌的养分需求及代谢活性较低且主要分解低养分有机质（Zechmeister-Boltenstern et al.，2015）。同时，真菌C/N比（16）显著高于细菌C/N比（6）（Zhou et al.，2017），其碳同化效率更高（刘蔚秋等，2010），所以施氮对真菌的抑制作用显著大于细菌，进而降低真菌/细菌比（F/B）。相反，一些研究结果表明，氮添加引起的土壤酸化也可能增加F/B，因为真菌细胞壁的肽聚糖结构对酸性环境有更强的适应能力（Schimel et al.，2007；Chen D et al.，2015）。因此，上述有关氮添加对微生物生物量和群落组成的影响尚未形成一致性的研究结论，并且关于不同施氮形态和剂量对不同森林生态系统土壤微生物群落组成的影响是否存在差异性仍不清楚。

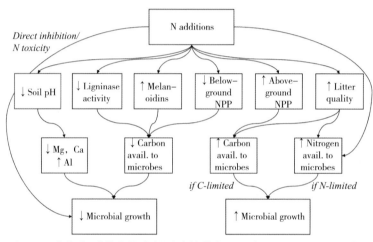

图1.2　氮添加对微生物生长影响的潜在机制（Treseder，2008）

注：N addition，氮添加；Direct inhibation，直接限制；N toxicity，氮中毒；Liginase activity，木质素酶活性；Melanoidins，类黑精；Below-ground NPP，地下净初级生产力；Above-ground NPP，地上净初级生产力；Litter quality，凋落物质量；Carbon avail. to microbes，微生物可利用的碳；Nitrogen avail. to microbes，微生物可利用的氮；if C-limited，如果受碳限制；if N-limited，如果受氮限制；Microbial growth，微生物生长。

氮添加通过影响微生物生物量及其组成来直接改变SOM的化学组成及其周转速率（Jian et al.，2016；Xiao et al.，2017）。早期的室内研究发现，高剂量的无机氮会抑制某些担子菌（如显丝菌属*Phanerochaetes*）木质素水解酶的合成，导致编码酚氧化酶、锰过氧化物酶和木质素过氧化物酶的真菌基因转录下调，进而导致木质素降解下降（Brown et al.，1991）。Carreiro等（2000）在野外最早证实木质素水解酶基因转录下调导致凋落物分解下降和

SOM积累。氮沉降增加导致森林土壤无机氮富集，理论上会产生3种效应。①抑制腐生真菌分泌木质纤维素水解酶，降低腐生微生物群落获取碳源（如纤维素、半纤维素）的能力（Cline and Zak，2015）。例如，担子菌漆酶基因（*lcc*）编码酚氧化酶，而施氮倾向于降低密歇根糖枫林土壤*lcc*的拷贝数，改变真菌群落组成（担子菌OTUs/子囊菌OTUs增加），并且随着施氮时间的延长其抑制效应更加显著（Hassett et al.，2009；Edwards et al.，2011）。②改变微生物群落之间的交互作用和竞争关系，为降解木质纤维素的放线菌或其他微生物群落释放生态位，从而改变分解菌群落的组成（Freedman and Zak，2014；Hesse et al.，2015）。降解木质纤维素的放线菌群落更加活跃，微生物群落组成的转变导致土壤CO_2排放降低和溶解性酚流失增加（DeForest et al.，2005）。③降低凋落物分解速率和程度，增加类木质素化合物的氧化度和稳定性，进而促进SOM的积累（Entwistle et al.，2013）。相反，也有研究认为施氮只改变植物源烷基化合物的比例，提高或不影响木质素的氧化程度（Thomas et al.，2012）。总体上，土壤无机氮富集抑制真菌功能基因表达和氧化酶活性、改变群落组成等已初步形成共识，但是细菌群落组成的变化如何代谢有机底物的机制仍然不清楚。同时，氮素富集条件下土壤微生物群落组成、SOM化学结构的变化与SOC积累之间的耦联关系尚不清晰。

1.2.3 氮磷富集对有机质激发效应的影响

土壤碳储存量约占全球碳储量的3/4，是大气圈碳储量的3倍（Schlesinger and Andrews，2000）。然而，土壤碳平衡取决于凋落物输入与SOC矿化之间的权衡（Vesterdal et al.，2012）。在森林生态系统中，根系和凋落物是SOC输入的主要来源。因此，根系可通过激发效应（Priming effect，PE）影响土壤矿化（Kuzyakov，2010）。激发效应是指短期有机质的输入促使SOC周转发生的变化，方向可正可负，导致SOC矿化增加或降低（Kuzyakov et al.，2000）。同时，激发效应根据土壤中CO_2的排放来源又可进一步区分为表观激发（Apparent PE）和真实激发（Real PE）。其中，表观激发是由于微生物利用外源有机质提高其代谢水平和生物量周转速率而形成的，而真实激发是指土壤原有机质分解过程的实际变化（图1.3）。激发效应的强度、方向以及是否发生取决于添加底物、微生物生物量及群落结构、酶活性、土壤pH和团聚体的质量及数量（Blagodatskaya and Kuzyakov，2008）。在全球尺度上，根系分泌物、凋落物和动物残体输入能够导致SOM矿化增加380%（正激发）或降低50%（负激发）（Cheng et al.，2014），显著影响陆地生态系统土壤碳平衡。激发效应强度和方向的机制可由添加底物后土壤养分状况以及微生物群落活性的变化来解释（Sullivan and Hart，2013）。与微生物活性相关的激发机制主要包括如下6个方面。①共代谢（Co-metabolism）和活化理论。添加活性的能源物质刺激了微生物活性，增加微生物矿化SOM的能力（Kuzyakov et al.，2000）。②刺激/抑制作用。添加的底物改变了土壤环境（如pH），提高或降低微生物活性（Blagodatskaya and Kuzyakov，2008）。③底物优先利用。添加的底物更容易被微生物作为能源利用，导致SOM分解下降（Zimmerman et al.，2011）。④稳定机制。添加的底物与SOM相互作用或被SOM吸附，降低微生物的可利用性（Cheng et al.，2014）。⑤微生物挖掘（Mining）。在氮受限制而活性碳充足时，微生物利用碳和能源来获取难分解有机质中的氮、磷养分（Craine et al.，2007）。⑥化学计量分解理论。该理论假设微生物的活性是由微生物对资源的需求驱动的，其最佳C∶N∶P为60∶7∶1。这意味着当分解底物的碳与营养元素达到该比例时，分解速率达到最大（Cleveland and Liptzin，2007）。本质上，负激发是微生物从利用SOM转变为固持活性有机质，在微生物活性受碳限制时发生（Hamer and Marschner，2005）。普遍认为，负激发是底物优先利用的结果（Dijkstra et al.，2014），而活化理论与微生物挖掘常被用来

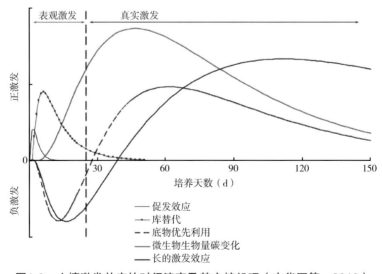

图1.3　土壤激发效应的时间演变及其主控机理（方华军等，2019）

解释SOM矿化的正激发效应（Craine et al.，2007）。

　　激发效应的发生还会受到土壤养分可利用性的制约（Kuzyakov，2010）。根际激发与土壤养分有效性之间的关系主要存在以下3种假设。第1种，在土壤低养分有效性情况下，来自根系的碳水化合物可能被用来产生胞外酶以获取SOM的养分（Brzostek et al.，2012）。微生物可"投资"1%~5%的同化产物用于产生胞外酶，通过解聚作用来分解部分难以利用的有机质，获取其所需养分（Burns et al.，2013）。这一过程以高碳成本获得养分导致微生物碳利用效率（CUE）降低，即每单位底物同化的呼吸速率越高，每单位碳输入在土壤中保留的碳越少。这种微生物利用根系分泌物获取自身的养分需求，就是所说的微生物挖掘理论（Craine et al.，2007；Fontaine et al.，2011）。第2种，在土壤养分有效性高的情况下，微生物偏好利用易于分解的有机质（Cheng et al.，1999），而不需通过分解难以利用的SOM来获取养分，从而减少对胞外酶的"投资"（Blagodatskaya et al.，2007；Guenet et al.，2010b）。同时，较高的氮磷有效性会减少植物地下碳的分配（Phillips et al.，2011），降低土壤微生物的数量和活性，发生负激发效应，抑制SOM的矿化（Dijkstra et al.，2013）。第3种，养分中心机制被提出用来解释植物和微生物竞争同一种养分产生的负激发。当植物从土壤中吸收养分会减少微生物分解（Dijkstra et al.，2010；Pausch et al.，2013），如果养分可利用性很低且植物和微生物均受限制，这种负激发结果会更明显（竞争假设，Cheng et al.，1999）。Nottingham等（2015）基于添加^{13}C标记的葡萄糖培养试验研究发现，磷添加促进巴拿马热带森林土壤中活性碳（葡萄糖）的矿化，而氮添加抑制了SOC的矿化，氮、磷同时添加对活性碳矿化的促进作用以及总SOC矿化的抑制效应更明显。同样，基于^{13}C标记的凋落物培养试验，Wang等（2017）发现，氮磷单独或联合添加均抑制了华南亚热带马尾松林土壤呼吸，促进土壤碳截存。相反，Poeplau等（2016）发现，施磷导致氮限制、SOC库耗竭，其潜在的机制：施磷降低了植物根/茎比和丛枝菌根真菌的丰度，导致更多的根源碳输入土壤中，刺激了土壤异养呼吸；此外，磷输入增加了氮的输出，导致微生物氮的挖掘作用和有机质矿化增加。可见，过去有关激发效应的研究几乎全部集中于碳，鲜有研究关注氮、磷等其他养分输入共同产生的影响。虽然目前已认识到养分可利用性影响激发效应的强度和方向，但是对影响的程度和潜在的机制仍知之甚少，这限制了对森林土壤碳氮磷循环驱动力的预测。

1.2.4 氮磷富集对有机质分解微生物群落组成和功能的影响

作为SOM分解的主要调控者，土壤微生物在SOC矿化过程中获取养分及化学能，以满足自身生长增殖及新陈代谢等生物过程的需求（杨钙仁等，2005）。土壤微生物分泌的胞外酶是影响SOM分解和转化的驱动因素（Sinsabaugh et al.，2010；Chen et al.，2017），常被用来指示微生物对养分的需求状况（Sinsabaugh，2008；Jian et al.，2016）。胞外酶对养分添加的响应通常由"资源分配理论"解释（Sinsabaugh and Moorhead，1994），即微生物产生胞外酶是基于对养分有效性的需求。该理论预测微生物将胞外酶当作求生策略，当更多复杂化合物存在时增加胞外酶的分泌，而在简单养分（如无机氮、易吸收碳）输入时减少胞外酶分泌（Allison and Vitousek，2005；Xiao et al.，2018）。例如，无机氮肥输入会显著增加酸性磷酸酶（AP）活性，而无机磷添加会抑制AP活性（Marklein and Houlton，2012；Turner and Wright，2014）。类似地，根系分泌物或死根的输入也影响着碳获取酶的产生，这取决于输入养分的化学组成和复杂程度（Meier et al.，2015；Loeppmann et al.，2016）。但是，有部分研究结果并不支持该理论（Keeler et al.，2009；Dong et al.，2015；Jing et al.，2017）。同时，C∶N∶P获取酶比可表征微生物群落功能，并与土壤环境中的C∶N∶P密切相关（Cleveland and Liptzin，2007）。当外源性养分添加不足而活性碳输入增加时，微生物将"投资"胞外酶以获取养分。例如，添加底物的碳与养分比较高时，微生物挖掘很有可能降低微生物酶的碳养分比（Waring and Weintraub，2014）。尽管养分获取比受化学计量学限制，但在不同生态系统中也会表现出明显差异（Sinsabaugh，2008；Marklein and Houlton，2012）。综上所述，不同森林生态系统土壤微生物碳氮磷获取酶对氮磷富集的响应尚无定论，同时，尽管多数研究表明氮添加抑制氧化酶的产生，进一步减缓有机质的分解，但关于氮磷富集条件下胞外酶在SOM矿化过程中扮演何种角色并不清楚。

土壤中并非所有微生物都参与有机碳的分解，其中大多数是非活性的，处于休眠状态（Bernard et al.，2007；Fan et al.，2014）。可根据土壤微生物自身生物特性及其对碳源的利用情况，将土壤微生物划分为r策略型微生物和K策略型微生物，其中r策略型微生物（富营养型）生长较快，与底物亲和力弱，一般专性利用易分解碳源（如根系分泌物或低分子可溶性碳）；相反，K策略型微生物（贫营养型）生长较慢，与底物亲和力强，可兼性利用易分解碳源和难分解碳源（Andrews and Harris，1986；Chen et al.，2016）。Bernard等（2007）利用^{13}C-DNA标记技术发现β-变形菌和γ-变形菌可快速利用外源易分解有机质，属于典型的r策略型微生物；而放线菌和芽单胞菌等属于K策略型微生物，可专性利用SOM。此外，也有一些K策略型微生物，如分枝杆菌和酸杆菌等兼性利用外源易分解有机质和本土SOM。激发效应反映了这两类微生物在外源有机质输入下的竞争关系（Fontaine et al.，2003），主要解释机制包括"协同代谢"和"氮矿化"两种（Guenet et al.，2010a；Kuzyakov，2010；魏圆云等，2019；图1.4）。前者可解释为r策略型微生物善于以易分解有机碳为碳源合成胞外酶或提供次生代谢产物，进而促使SOM中的难分解组分解聚；同时促进K策略型微生物对难分解有机碳的利用，从而引起正激发效应。后者是指当外源输入易分解的碳源后，微生物利用这些基质生长代谢，但若受到氮素的限制，此时需分解较难利用但C/N比较低的SOM，以利用其中的氮素满足自身需要。虽然国内外研究者围绕激发效应的微生物机制及其影响因素开展了广泛研究，但目前尚未形成普遍共识。研究的争议主要在于：①不同微生物类群对氮磷富集条件下激发效应的贡献有何差异？何种类群微生物主导着激发效应？②不同微生物类群对添加养分的偏好利用和竞争能力如何影响其对激发效应的贡献？以上问题亟须解决。

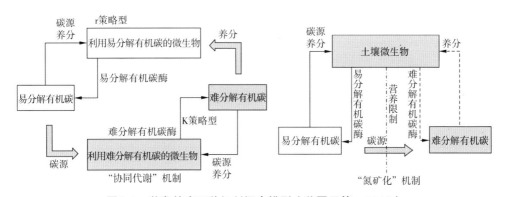

图1.4　激发效应两种机制概念模型（魏圆云等，2019）

综上所述，大气氮磷沉降输入一方面增加土壤养分的可利用性，刺激植物的光合作用、植物生长和碳分配，改变叶凋落物和根系的数量和质量，进而影响底物的可利用性；同时，底物数量和质量的改变又会影响土壤微生物和动物群落的组成和功能，直接影响SOM的转化速率以及SOM的化学组成与储量（图1.5）。本书从森林土壤碳转化的主要路径出发，围绕"森林土壤碳循环对不同氮素形态和剂量以及氮磷富集的差异性响应及驱动机制"这一前沿命题，从生物地球化学和分子生物学角度，探讨氮素形态和剂量对SOM累积和稳定性的影响，以及氮磷富集条件下土壤碳转化与分解菌群落动态之间的耦联关系。

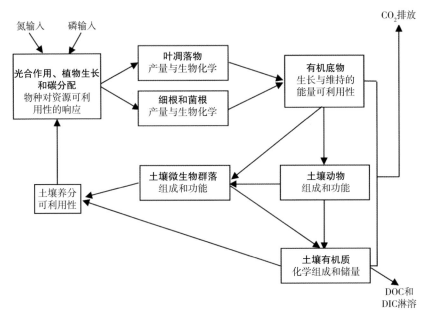

图1.5 氮磷添加对森林生态系统地下碳循环过程的影响（方华军等，2019）

注：DOC为可溶性有机碳，DIC为可溶性无机碳。

1.3 研究目标、研究内容和技术路线

1.3.1 研究目标

总体目标是阐明中国东部南北森林样带典型森林土壤碳转化过程和碳平衡对不同形态氮素（NH_4^+/NO_3^-）添加及氮磷交互（N/P）的响应特征，揭示森林土壤碳截存对氮磷富集响应的生物化学和微生物学机理，为陆地生态系统碳-氮-磷耦合循环模型的构建和完善提供基础参数和理论依据。具体分为以下两个目标。

首先，阐明氮素形态和剂量对南北典型森林SOC组成、来源、降解程度和化学稳定性的影响，揭示氮素富集条件下SOM积累与稳定性的演变机理。

其次，明确氮磷富集及其交互作用对南北典型森林SOC动态的影响，阐明功能微生物群落与土壤碳动态之间的耦联关系，揭示氮磷富集条件下土壤碳积累与损耗的微生物学机制。

1.3.2 研究内容

本研究以中国东部南北森林样带4个典型森林生态系统为研究对象，基于多形态、多剂量氮素及氮磷添加控制试验平台，围绕"土壤碳转化及碳截存对氮磷富集的差异性响应与驱动机制"这一科学命题，从生物化学和分子生物学角度系统地开展以下4个方面的研究。

（1）氮素形态和剂量对SOC组成、来源、降解及化学稳定性的影响　采集氮添加控制试验样方表层和亚表层土壤样品，利用粒径和密度物理分组方法测定不同SOC组分的比例，从物理保护机制的角度探讨氮素形态和剂量对SOC储量和分配的影响；利用热裂解-气相色谱-质谱联用技术（Py-GC/MS）测定不同SOM组分的分子组成，评价氮素富集对各个组分来源和降解程度的影响；利用^{13}C交叉极化魔角自旋核磁共振（^{13}C-CP/MAS NMR）技术测定SOM各组分有机官能团的比例，从化学结构角度探讨氮添加对SOM化学稳定性的影响。

（2）氮素形态和剂量对土壤微生物种群生物量和群落结构的影响　采集氮添加控制试验样方表层和亚表层土壤样品，利用磷脂脂肪酸（PLFA）法测定微生物生物量和群落结构，分析氮素形态和剂量对介导土壤碳积累的微生物种群丰度和群落组成的差异性影响。结合SOM组分及化学结构属性，探讨多剂量、多形态氮素输入影响SOC库周转的微生物和化学机制。

（3）氮磷富集条件下活性碳输入对原有SOC的激发效应　采集氮磷添加控制试验样方0~10 cm矿质层土壤样品，构建氮磷富集和底物添加的激发效应培养试验。通过添加^{13}C标记的葡萄糖，测定100 d内CO_2呼吸总量及其对应的δ^{13}C值，分别计算添加底物和SOM分解对总CO_2排放量的贡献，量化底物添加产生的激发效应及其对氮磷富集的响应，评价SOC激发效应与底物碳持留之间的净平衡；揭示氮磷交互对底物利用效率和SOC动态的影响机制。

（4）氮磷富集对碳转化微生物群落组成和功能的影响　采集激发效应培养试验不同培养阶段各处理土壤样品，采用微孔板荧光法测定土壤水解酶和氧化酶活性，表征氮磷富集条件下SOM的矿化强度。利用高通量测序技术测定细菌16S rRNA基因和真菌内部转录间隔区ITS序列，分析细菌和真菌的群落组成及多样性变化，明确氮磷添加及其交互作用对有机质分解菌群落的影响，评估氮磷富集条件下SOC变化与微生物群落演变之间的关联，揭示其微生物驱动机制。

1.3.3　技术路线

总体技术路线如图1.6所示。

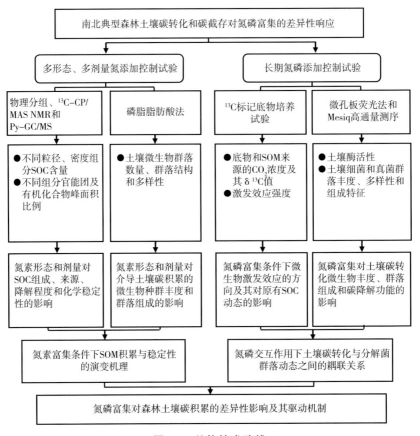

图1.6　总体技术路线

第 2 章 氮素形态和剂量对森林土壤有机碳数量和质量的影响

2.1 引言

还原态NH_4^+和氧化态NO_3^-输入对土壤碳循环过程会产生不同的影响（Zhang and Wang，2012；Tao et al.，2018），主要是因为这两种离子所带电荷相反、移动性和离子交换能力不同，以及植物和微生物对二者的选择性吸收与偏好利用（Fang et al.，2014）。具体而言，NO_3^-在土壤中易移动，而NH_4^+更易被强烈吸附在土壤配位体交换点位上（Currey et al.，2010）。微生物和植物对铵态氮（NH_4^+-N）吸收的能力大于对硝态氮（NO_3^--N），尤其是在土壤氮浓度较低时（Kuzyakov and Xu，2013）。此外，相对于NO_3^--N，土壤中NH_4^+-N累积通常不明显，但是对土壤酸化影响更大（Wang et al.，2014a）。因此，施用NH_4^+-N可能会增加地上生物量，刺激土壤微生物活性（Fang et al.，2014a），加速活性碳周转（Currey et al.，2010）。然而，目前关于氮素形态对氮素有效性不同的森林土壤碳库的影响尚无定论，仍需要探究其差异性影响特征与影响程度。

SOM由不同有机碳库组成，由于它们来源于植物、微生物及土壤动物残体，不同有机碳率所含比例不同，因而具有不同的分解速率及周转时间（Buurman and Roscoe，2011）。不同碳库对外源性氮输入的响应并不一致，取决于生态系统类型、施氮剂量、施氮形态以及持续时间（Liu et al.，2016b；Chen et al.，2018）。大团聚体通过增加团聚体内SOC的分布以及限制分解者的空间可利用性来促进SOC累积（von Lützow et al.，2006）。氮添加也可能降低微生物活性，增加团聚体中可溶性有机碳含量，暗示着土壤团聚体的物理保护在促进SOC积累过程中扮演着重要角色（Zhong et al., 2017）。然而，关于新增加的SOC是否可以长时间保留在土壤中仍不清楚。这在很大程度上取决于SOM的化学结构（Shrestha et al., 2008）。由于SOM化学成分的复杂性（Kögel-Knabner, 2002），活性和惰性SOC组分如何响应大气氮沉降增加尚不清楚。此外，关于不同施氮剂量和施氮形态对森林生态系统SOM化学结构的影响仍不明确。

本章的主要研究目标：①利用粒径和密度物理分组方法测定全土中不同SOC组分所占比例，从物理保护机制的角度探讨氮素形态和剂量对SOC储量和分配的影响；②利用热裂解-气相色谱-质谱联用技术（Py-GC/MS）和^{13}C交叉极化魔角自旋核磁共振（^{13}C-CP/MAS NMR）技术分别测定SOM组分的分子组成和官能团比例，从化学结构角度评价氮素富集对各个组分来源、降解程度及稳定性的影响；③根据亚热带人工林和寒温带针叶林的气候要素和土壤属性，阐明其SOM数量和质量对不同形态和剂量氮输入响应的差异。

2.2 材料与方法

2.2.1 千烟洲亚热带人工林氮添加试验

研究区位于江西省吉安市泰和县灌溪镇中国科学院千烟洲生态试验站（26°44′N，115°04′E），该地区具有典型亚热带季风气候特征。多年平均气温为17.9℃，年均降水量为1 491 mm。原始植被是亚热带常绿阔叶林，经过长期土地利用变化和森林砍伐已转变为人工林。自20世纪80年代以来，马尾松（*Pinus massoniana* Lamb.）、湿地松（*Pinus elliottii*）和杉木（*Cunninghamia lanceolata*）在该地区广泛种植。该区的地带性土壤类型为红壤，主要分布在丘陵和岗地上。表层（0~20 cm）SOC，土壤总氮（TN）、总磷和容重分别为20.44 g·kg^{-1}、1.10 g·kg^{-1}、1.12 g·kg^{-1}和1.54 g·cm^{-3}。

2012年1月，参照该站实际大气氮沉降量（32.62 kg·hm^{-2}·a^{-1}），设置NH$_4$Cl（处理代码A）和NaNO$_3$（处理代码N）两种形态和对照（CK，0 kg·hm^{-2}·a^{-1}）、低氮（40 kg·hm^{-2}·a^{-1}）、高氮（120 kg·hm^{-2}·a^{-1}）3个剂量水平的氮肥处理，在亚热带湿地松林内开展长期的施氮控制试验。该控制试验采用随机区组设计，包括5个处理，每个处理3次重复。样方规格为20 m×20 m，每个样方的间隔至少10 m，共15个样方（图2.1）。于每月的月初将各形态氮肥溶于40 L水中,用喷雾器均匀喷洒于各样方内。对照样方则喷洒相同数量的水,以减少处理间因外加的水而造成对亚热带人工林生物地球化学循环的影响。

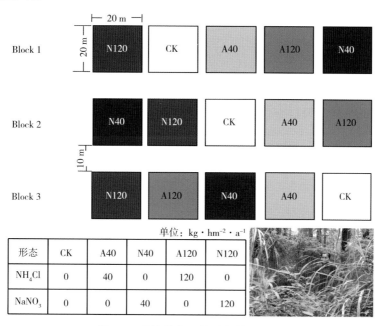

图2.1 亚热带人工林增氮控制试验

2.2.2 大兴安岭寒温带针叶林氮添加试验

研究区位于内蒙古大兴安岭森林生态系统国家野外科学观测研究站以东的开拉气林场(50°20′~50°30′N,121°45′~122°00′E),属大兴安岭西北坡,海拔826 m。该地区是寒温带半湿润气候,冬季寒冷漫长,夏季凉爽多雨。年均气温-5.4 ℃,最高温出现在7月,最低温出现在1月。年降水量500 mm,其中60%集中于5—9月。年均日照时数2 594 h,全年地表蒸发量800~1 200 mm,无霜期80 d。该区主要物种为兴安落叶松(*Larix gmelini*)、白桦(*Betula platyphylla*)、杜鹃(*Rhododendron simsii*)、杜香(*Ledum palustre*)、红豆越橘(*Vaccinium Vitisidaea*)等。研究区的植被类型为杜香-落叶松林,林龄约150 a。土壤类型为发育于玄武岩残积物上的棕色针叶林土,土壤腐殖质含量10%~30%,pH为4.5~6.5。

为了真实地模拟大气NO_3^-和NH_4^+沉降输入,参照大兴安岭地区实际大气氮沉降通量(9.87~14.25 kg·hm^{-2}·a^{-1})。2010年5月设置了NH_4Cl(处理代码A）、KNO_3（处理代码N）和NH_4NO_3（处理代码AN）3种氮肥和对照（CK，0 kg·hm^{-2}·a^{-1}）、低氮（10 kg·hm^{-2}·a^{-1}）、中氮（20 kg·hm^{-2}·a^{-1}）、高氮（40 kg·hm^{-2}·a^{-1}）4个剂量水平的氮肥处理，分别模拟未来大气氮沉降增加1倍、2倍和4倍情景下，寒温带针叶林生态系统碳、氮循环关键过程的变化。试验采用裂区设计，施氮剂量为主处理，施氮形态为副处理，每个处理3次重复。为了降低微地形等环境异质性差异对试验结果造成的影响，每个施氮剂量下设置一个对照以增强施氮形态间的对比。样方规格为10 m×20 m，两个相邻样方的间隔至少为10 m，共36个样方（图2.2）。将全年的氮沉降量平均分配到生长季（5—10月）的各个月，于每月月初将各形态氮肥溶于20 L水中，用喷雾器均匀喷洒于各样方内。对照样方则喷洒相同数量的水，以减少处理间因增水对寒温带针叶林生态系统碳氮循环的影响。

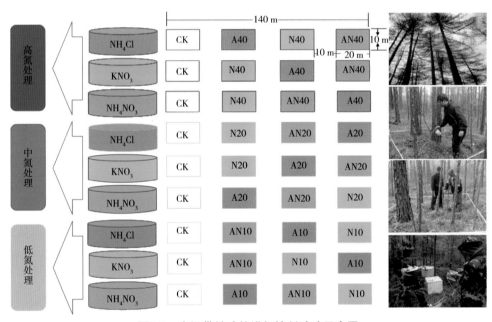

图2.2 寒温带针叶林增氮控制试验示意图

2.2.3 SOM物理分组

密度分组：采用Hassink等（1997）的方法进行密度分组。称取10 g风干土至离心管中，倒入50 mL NaI溶液（1.85 g·cm^{-3}），将离心管振荡2 h后以3 000 r·min^{-1}的速度离心20 min。将离心管表面的漂浮物转移至过滤器中，用20 μm的滤膜抽滤，轻组组分留在滤膜上，用去离子水全部冲洗至烧杯中。离心管底部的重组用去离子水全部冲洗至烧杯中。将收集的轻组和重组组分在60℃下烘干称重，待测。

颗粒态有机质分组：参照Cambardella和Elliott（1992）建议的湿筛法进行。称取50 g风干土，加入100 mL 1%的六偏磷酸钠（HMP）在往复式振荡器上以200 r·min^{-1}的频率振荡18 h。粗颗粒有机质（CoarsePOM，>250 μm）和细颗粒态有机质（FinePOM，53~250 μm）分别在250 μm和53 μm孔径筛子上用去离子水反复冲洗，之后将筛子上的颗粒物冲洗至烧杯中，并在60℃下烘干称重。矿质结合态有机质（MAOM，<53 μm）比例和碳含量通过差减法获得。

2.2.4 SOM化学结构——Py-GC/MS测定

全土和各SOM组分的化学结构采用热裂解-气相色谱-质谱联用技术（Py-GC/MS）进行分析。首先，样品在热解器中进行裂解，热解器接口直接与气相色谱-质谱相连接。其中，热解仪为PY3030D（Frontier Laboratories，Fukushima，Japan）；气相色谱-质谱仪器型号为Agilent 7890B型气相色谱/7000B型三重四极杆质谱联用仪及Agilent气相色谱工作站（美国Agilent公司）。MAOM组分分析前需去除矿物质（Buurman and Roscoe，2011）。将约4 mg土壤样品放入热解炉中，初始温度设为100℃并保持1 min，然后以30℃·min^{-1}的速度加热至610℃并保持10 min。热解产物直接由1.2 mL·min^{-1}恒定流速的氦气载入Agilent 7890B气相色谱和Agilent 7000B质谱联用系统中进行自动分析。气相色谱采用分流式注入（分流比20∶1），气相色谱仪界面温度设定在280℃。色谱仪中毛细管柱规格为30 m × 0.25 mm × 0.25 μm，柱箱初始温度设为40℃并保持1 min，随后以2℃·min^{-1}的速度加热至100℃，最后以4℃·min^{-1}的速度升温至290℃并保持10 min。质谱仪的扫描范围为m/z 10~650，电子冲击离子化能量为70 eV。运用NIST质谱数据库和软件（NIST2002，Perkin-Elmer，USA）对产物质谱图进行匹配鉴定，通过裂解产物质谱与数据库质谱图的详细比对可识别产物名称。

为了评价全土和3个粒径组分中有机物的分子组成，根据可能的来源和化学相似性从热解产物中选取其中6种主要化合物，包括糠醛（N）、乙酸（K）、苯（B）、甲苯（E3）、苯酚（Y）、吡咯（O）。通过其特征离子（质荷比m/z）选出总离子电流（TIC）中单个峰面积，将6种化合物定量峰面积的总和设置为100%，计算其相对含量。N、K、B、E3、Y和O的保留时间分别为6.25 min、3.63 min、3.06 min、4.92 min、14.88 min和4.71 min。

糠醛主要来源于多糖、木质素、纤维素、蛋白质或其他易降解的含碳化合物（Andreetta et al., 2013）。由于这些化合物易被微生物利用，导致在中度降解有机质中生物活性较强（Aranda et al., 2015）。苯酚可能来源于有机质的酚类物质、蛋白质或多元羧酸，甚至由碳水化合物热解环化产生（Andreetta et al., 2013）。乙酸来源于生物降解产物（Dignac et al., 2005），比如脂类，也可能是碳水化合物非特异性的裂解产物（Aranda et al., 2015）。中度腐熟和高度熟化腐殖质组分中的乙酸含量较高，这可能暗示着生物活性较低（Andreetta et al., 2013）。吡咯及其衍生物是由包含脯氨酸、羟基脯氨酸、甘氨酸及谷氨酸的蛋白质热解环化形成的（Chiavari and Galletti, 1992），也可能是叶绿素等色素的热解产物（Dignac et al., 2005）。难降解的含氮化合物，如吡咯，可能在一定程度上来源于微生物，因为它们在SOM分解较为彻底时出现（Marinari et al., 2007）。苯是一种简单的芳香烃，主要来源于缩合芳香结构，也可能来源于焦炭物质（Buurman and Roscoe, 2011）。新鲜有机质降解后苯含量提高，暗示着有机质的腐殖化过程增加，也可能是脂肪族化合物环化过程加速（Andreetta et al., 2013）。甲苯主要来源于蛋白质、木质素和多糖的裂解，其丰度可以反映微生物产物（Schellekens et al., 2009）。

苯/甲苯比（B/E3）、糠醛/吡咯比（N/O）、吡咯/苯酚比（O/Y）和脂肪族（乙酸+糠醛）/芳香族（苯+甲苯+吡咯+苯酚）比（AL/AR）可用来评价SOM的降解程度（Marinari et al., 2007；Aranda et al., 2015）。腐殖化指数B/E3表示芳香环的缩合程度，其值越大，表明有机物的腐殖化程度越高；因为苯主要来源于聚合芳香结构化合物（凋落物、焦炭）的降解，而甲苯来源于脂肪链上非缩合的芳香环（Buurman et al., 2007；Buurman and Roscoe, 2011）。N/O可作为可矿化性指数，该指数越高，植物残体越难降解（Ceccanti et al., 1986）。因为吡咯在化学和微生物学上比糠醛更加稳定，较高的N/O暗示着较低的有机物分解速率（Marinari et al., 2007）。矿化程度指数O/Y表示含氮化合物以及来源于微生物细胞的物质与木质素/纤维素物质之间的比值（Ceccanti et al., 1986）。O/Y越大，表明OM的矿化程度越高，降解更彻底（Marinari et al., 2007）。由于酚主要来源于木质素，矿化程度指数（O/Y）一般随着稳定有机质的加速分解而下降（Ceccanti et al., 2007）。AL/AR可作为能量库指标，其值越高暗示易降解、新鲜的纤维素物质越多（Marinari et al.，2007）。

2.2.5 SOM化学官能团测定——^{13}C–CP/MAS NMR光谱分析

在进行^{13}C-CP/MAS NMR分析之前，土壤样品需进行氢氟酸处理，以去除土壤中的Fe^{3+}和Mn^{2+}，提高仪器分析的信噪比和分析效率。将经过氢氟酸处理的残余物，在40℃下烘干，研磨过0.25 mm筛，进行固态魔角自旋-核磁共振谱仪（AVANCE Ⅱ 300MH，USA）测定。通过对谱峰曲线进行区域积分，获得各种碳化学组分的相对含量。按照化学位移，将SOM分成以下8个组分（Finn et al.，2015）：烷基碳（0～45 ppm）、氮-烷基/甲氧基碳（45～60 ppm）、烷氧基碳（60～90 ppm）、双烷氧基碳（90～110 ppm）、芳香碳（110～145 ppm）、酚碳（145～165 ppm）、羧基碳（165～190 ppm）、酮醛基碳（190～210 ppm）。基于上述官能团，我们提出以下3个综合性指标：①降解度＝烷基碳/烷氧基碳（Spaccini et al.，2006）；②疏水度＝（烷基碳+芳香碳）/（烷氧基碳+羧基碳）；③芳香度＝芳香碳/（烷基碳+烷氧基碳+芳香碳）×100（Zhang et al.，2009）。

2.2.6 统计分析

采用单因素方差分析（one-way ANOVA）比较施氮处理对不同SOM组分的比例、碳含量以及化学组成的影响。采用Duncan多重比较法评估处理间变量均值的差异，显著性检验水平设为$P=0.05$（边缘显著$P=0.1$）。首先将热解化合物所得数据进行标准化处理，即转化成均值为零、方差为1的变量，然后利用主成分分析（Principle component analysis）和因子分析（Factor analysis）研究各化合物之间的相关性以及变量与样本之间的联系。采用逐步回归分析评价SOC含量的变化量（ΔSOC）与各个组分的SOC含量的变化量（$ΔSOC_{组分}$）之间的关系。采用线性或非线性回归分析各组分碳含量与化合物丰度及官能团相对比例之间的关系。

2.3 结果与分析

2.3.1 氮素形态和剂量对亚热带人工林SOM数量和质量的影响

（1）土壤团聚体和颗粒态组分百分比及碳含量　对照处理中，土壤团聚体的总体分布特征：大团聚体（>250 μm）占10.1%，微团聚体（53～250 μm）

占27.0%，粉黏粒（<53 μm）占62.9%（图2.3a~c）。与对照相比，氮添加不改变大团聚体的比例，但显著增加微团聚体的比例，并减少粉黏粒的比例；高剂量NO_3^--N处理（N120）的影响在0.1水平上显著（图2.3a~c）。此外，大团聚体和粉黏粒比例在低剂量NH_4^+-N添加处理（A40）和N120处理之间差异显著（图2.3a~c）。在对照处理中，粉黏粒结合态有机碳（Silt+clayAOC）占总SOC的59.1%（图2.3e~f）。施氮不改变大团聚体结合态有机碳（MacroAOC）和Silt+clayAOC含量，而在0.1的水平显著增加微团聚体结合态有机碳（MicroAOC）含量（图2.3e~f）。N120处理对MicroAOC含量的影响显著高于低剂量NO_3^--N添加处理（N40）（图2.3e）。

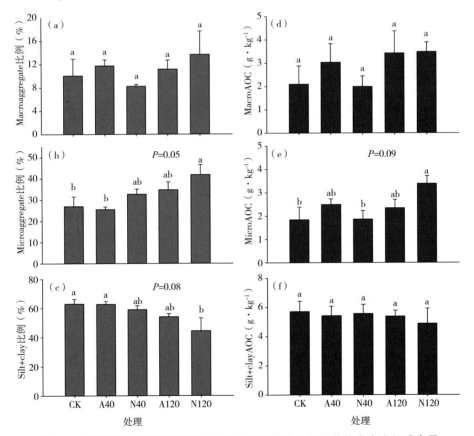

图2.3 不同试验处理下亚热带人工林土壤团聚体比例及其结合态有机碳含量

注：Macroaggregate，大团聚体；Microaggregate，微团聚体；Silt+clay，粉黏粒；MacroAOC，大团聚体结合态有机碳；MicroAOC，微团聚体结合态有机碳；Silt+clayAOC，粉黏粒结合态有机碳；柱上不同小写字母代表不同试验处理间差异显著（$P<0.05$）。

对照处理中，MAOM占总SOM的74.6%，而CoarsePOM和FinePOM分别占SOM的8.7%和16.7%（图2.4a~c）。与对照相比，氮添加不改变CoarsePOM的比例，但显著增加FinePOM的比例（$P=0.017$，图2.4a~b）。除低剂量NH_4^+-N添加处理（A40）外，其他氮肥处理显著降低了MAOM的比例（$P=0.023$，图2.4c）。此外，氮添加不改变粗颗粒态有机碳（CoarsePOC）和MAOC含量，只有高剂量NO_3^--N添加处理（N120）导致细颗粒态有机碳（FinePOC）含量增加了1.33倍（$P=0.040$，图2.4d~f）。同时，N120处理下FinePOC含量显著高于两个低剂量氮处理（图2.4e）。

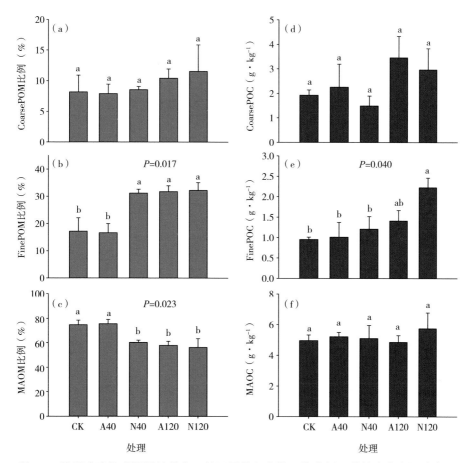

图2.4 不同试验处理下亚热带人工林不同粒径土壤颗粒比例及其结合态有机碳含量

注：CoarsePOM，粗颗粒态有机质；FinePOM，细颗粒态有机质；MAOM，矿质结合态有机质；CoarsePOC，粗颗粒态有机碳；FinePOC，细颗粒态有机碳；MAOC，矿质结合态有机碳；柱上不同小写字母代表不同试验处理间差异显著（$P<0.05$）。

氮素富集条件下，不同粒径的团聚体结合态有机碳与颗粒态有机碳含量变化对总SOC含量变化量的贡献不同（图2.5）。SOC含量的变化量（ΔSOC）与粉黏粒结合态有机碳（ΔSilt+clayAOC）、粗颗粒态有机碳（ΔCoarsePOC）含量的变化量关系不显著（图2.5c~d）。就团聚体结合态有机碳而言，ΔSOC与大团聚体、微团聚体结合态有机碳含量的变化量（ΔMacroAOC和ΔMicroAOC）呈显著正相关关系，分别解释了总SOC含量变化的75%和60%（图2.5a~b）。对于颗粒态有机碳而言，ΔSOC与细颗粒态有机碳、矿质结合态有机碳含量的变化量（ΔfinePOC和ΔMAOC）显著正相关，ΔFinePOC和ΔMAOC可分别解释亚热带人工林总SOC含量变化的54%和88%（图2.5e~f）。

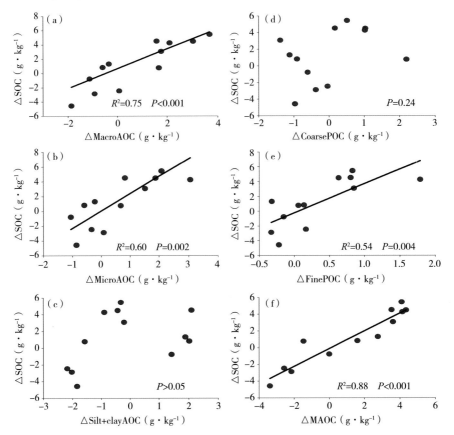

图2.5 土壤总有机碳含量变化量与各SOC组分含量变化量之间的关系

注：ΔSOC，土壤总有机碳含量变化量；ΔMacroAOC，大团聚体结合态有机碳含量变化量；ΔMicroAOC，微团聚体结合态有机碳含量变化量；ΔSilt+clayAOC，粉黏粒结合态有机碳含量变化量；ΔCoarsePOC，粗颗粒态有机碳含量变化量；ΔFinePOC，细颗粒态有机碳含量变化量；ΔMAOC，矿质结合态有机碳含量变化量。

（2）SOM及其组分的分子组成　利用热裂解-气相色谱-质谱联用技术，鉴定并定量出92种热解化合物。根据它们的来源和化学特性大致可分为九大类，即植物源聚合物（烷烃、烯烃、苯酚和木质素）、微生物源（含氮化合物和多糖类）、黑炭（芳香类、苯并呋喃类和多环芳烃类）（表2.1）。主成分分析（PCA）结果表明，第1主成分和第2主成分分别能够解释3个颗粒态组分中热解化合物变异的77.3%和12.5%（图2.6）。第1主成分轴明显将CoarsePOM与其他两个粒径组分区分开，主要由木质素类、苯酚类和多环芳烃类化合物组成。而FinePOM和MAOM由第2主成分轴分开，前者与烷/烯烃、苯并呋喃和芳香类化合物相关，后者主要由含氮化合物和多糖化合物组成。

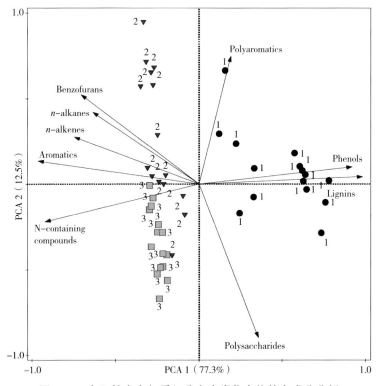

图2.6　3个颗粒态有机质组分九大类化合物的主成分分析

注：Polyaromatics，多环芳烃类；Phenols，苯酚类；Lignins，木质素类；Polysaccharides，多糖类；Benzofurans，苯并呋喃类；n-alkanes，烷烃类；n-alkenes，烯烃类；N-containing compounds，含氮化合物；Aromatics，芳香类；1，粗颗粒态有机质；2，细颗粒态有机质；3，矿质结合态有机质。

表2.1 定量3个SOM组分的热解化合物种类

化合物	编码	质荷比	保留时间（min）	化合物	编码	质荷比	保留时间（min）
烷烃类				n-C5:1	E2	57+71	1.92
n-C6:0	A1	57+71	2.47	n-C6:1	E3	57+71	2.41
n-C7:0	A2	57+71	3.56	n-C7:1	E4	57+71	3.43
n-C8:0	A3	57+71	5.86	n-C8:1	E5	57+71	5.59
n-C9:0	A4	57+71	9.92	n-C9:1	E6	57+71	9.53
n-C10:0	A5	57+71	15.63	n-C10:1	E7	57+71	15.08
n-C11:0	A6	57+71	22.24	n-C11:1	E8	57+71	21.66
n-C12:0	A7	57+71	29.09	n-C12:1	E9	57+71	28.50
n-C13:0	A8	57+71	35.81	n-C13:1	E10	57+71	35.24
n-C14:0	A9	57+71	42.27	n-C14:1	E11	57+71	41.74
n-C15:0	A10	57+71	48.41	n-C15:1	E12	57+71	47.92
n-C16:0	A11	57+71	54.24	n-C16:1	E13	57+71	53.81
n-C17:0	A12	57+71	59.82	n-C17:1	E14	57+71	59.40
n-C18:0	A13	57+71	65.10	n-C18:1	E15	57+71	64.72
n-C19:0	A14	57+71	70.15	n-C19:1	E16	57+71	69.79
n-C20:0	A15	57+71	74.96	n-C20:1	E17	57+71	74.65
n-C21:0	A16	57+71	79.56	n-C21:1	E18	57+71	79.26
n-C22:0	A17	57+71	84.01	n-C22:1	E19	57+71	83.74
n-C23:0	A18	57+71	87.63	n-C23:1	E20	57+71	87.43
n-C24:0	A19	57+71	90.58	n-C24:1	E21	57+71	90.43
n-C25:0	A20	57+71	93.13	n-C25:1	E22	57+71	92.99
n-C26:0	A21	57+71	95.40	n-C26:1	E23	57+71	95.30
n-C27:0	A22	57+71	97.49	n-C27:1	E24	57+71	97.39
n-C28:0	A23	57+71	99.44	n-C28:1	E25	57+71	99.35
烯烃类				芳香类			
n-C4:1	E1	57+71	1.78	苯	Ar1	78	3.06

（续表）

化合物	编码	质荷比	保留时间(min)	化合物	编码	质荷比	保留时间(min)
二氢化茚	Ar2	117+118	17.47	2-苯基萘	PA10	204+202	72.53
茚	Ar3	115+116	18.01	荧蒽	PA11	202	76.36
甲苯	Ar4	91+92	4.92	芘	PA12	202	78.63
甲基茚	Ar5	115+130	24.98	䓛烯	PA13	219+234	83.65
木质素类				二萘嵌苯	PA14	252+250	84.91
4-羟基苯乙酮	Lg1	121+136	25.96	含氮化合物			
愈创木酚	Lg2	109+124	21.25	吡啶	N1	52+79	4.41
4-甲基愈创木酚	Lg3	123+138	28.32	吡咯	N2	67	4.71
4-乙基愈创木酚	Lg4	137+152	34.10	1-甲基-氢-吡咯	N3	80+81	7.32
4-乙烯基愈创木酚	Lg5	135+150	36.38	苄腈	N4	76+103	14.35
4-甲酰基愈创木酚	Lg6	151+152	41.787	吲哚	N5	90+117	34.94
4-烯丙基愈创木酚	Lg7	164	45.00	喹啉	N6	129	30.82
4-乙酰基愈创木酚	Lg8	151+166	47.19	苯并呋喃类			
丁香酚	Lg9	139+154	38.884	苯并呋喃	Bf1	89+118	15.06
4-乙基丁香酚	Lg10	167+182	49.13	1-甲基苯并呋喃	Bf2	131+132	22.00
多环芳烃类				氧芴	Bf3	139+168	48.34
萘	PA1	128	27.18	苯酚类			
甲基萘	PA2	141+142	34.61	苯酚	Ph1	66+94	14.88
联二苯	PA3	154	40.22	甲基苯酚	Ph2	107	19.35
乙基萘	PA4	141+156	41.05	乙基苯酚	Ph3	107+122	25.54
甲基联二苯	PA5	168+167	41.64	多糖类			
芴	PA6	165+166	52.19	乙酸	Ps1	60	3.63
菲	PA7	178	62.77	2-糠醛	Ps2	95+96	6.25
蒽	PA8	178	63.28	5-甲基-2-糠醛	Ps3	109+110	13.23
甲基菲	PA9	192+191	68.68				

对3个SOM组分中所定量的92种化合物进行因子分析（图2.7），根据标准化后的数据构建实对称矩阵，并计算矩阵的特征值，最终选出2个公因子，分别解释总变异的41.4%和19.3%（图2.7a）。因子载荷图可用来解释在2个主因子轴上有机质的分解程度或植物源、微生物源的贡献。根据所选2个因子的特征值和因子得分矩阵，计算出各样本的得分值（图2.7b）。得分图可解释不同组分的差异程度。第1主因子上烷烯烃的链长从左到右逐渐减少。木质素类、苯酚类、多糖类和长链烷烯烃在第1主因子上有正的载荷系数，而含氮化合物、短链烷烯烃类和低分子量芳香化合物载荷系数为负值。因此，第1主因子可反映分解程度，正值表示相对新鲜的植物输入，负值表示为植物凋落物的进一步分解。第2主因子的正值由多环芳烃类、苯并呋喃类及烷/烯烃类主导，而负值与含氮化合物、多糖类及木质素类显著相关。左下象限代表微生物源和相对降解完全的有机质，由于含氮化合物相对含量高而具有较高的C/N比。左上象限集中于长链分解产生的短链脂肪族化合物以及来源于黑炭化物质的苯并呋喃类化合物，表明这些化合物相对耐分解且无新鲜凋落物输入。总体而言，CoarsePOM由大量的木质素和长链烷/烯烃组成，具有明显的植物源特征。FinePOM中烷/烯烃链长变短暗示其经历了强烈的分解。MAOM富含含氮化合物和多糖类化合物，表明其微生物源占主导。

根据不同化学特征挑选出6种主要代表性有机热解产物，分别为糠醛（N）、乙酸（K）、苯（B）、甲苯（E3）、苯酚（Y）和吡咯（O）。在coarsePOM中，最丰富的化合物是糠醛（N），其次是甲苯（E3）、苯酚（Y）、苯（B）和乙酸（K），而吡咯（O）相对丰度最低（图2.8）。然而，在FinePOM和MAOM中，含量最高的化合物是甲苯（E3），其次是苯（B）、糠醛（N）、乙酸（K）和苯酚（Y），吡咯（O）的相对丰度最低（图2.8）。

无论从九大类还是单个化合物来讲，氮添加均不改变CoarsePOM和FinePOM组分中各热解化合物的相对丰度（表2.2，图2.9）。但施氮显著改变全土和MAOM组分中化合物的相对丰度和降解指数（表2.2，图2.9）。例如，从大类来讲，高剂量NO_3^--N处理（N120）显著降低苯并呋喃类化合物的相对丰度；除高剂量NH_4^+-N处理（A120）外，其他施氮处理均显著增加多糖类化合物相对丰度（表2.2）。就单个化合物而言，与对照相比，低剂量NH_4^+-N

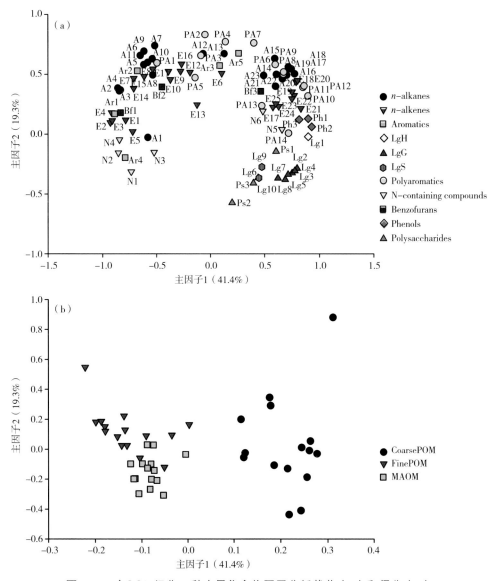

图2.7 3个SOM组分92种定量化合物因子分析载荷（a）和得分（b）

注：n-alkanes（A1~A23），烷烃类；n-alkenes（E1~E25），烯烃类；Aromatics（Ar1~Ar5），芳香类；LgH（Lg1），对羟基苯木质素；LgG（Lg2~Lg8），愈创木基木质素；LgS（Lg9~Lg10），紫丁香基木质素；Polyaromatics（PA1~PA14），多环芳烃类；Benzofurans（Bf1~Bf3）苯并呋喃类；N-containing compounds（N1~N6），含氮化合物；Phenols（Ph1~Ph3）苯酚类；Polysaccharides（Ps1~Ps3），多糖类；CoarsePOM，粗颗粒态有机质；FinePOM，细颗粒态有机质；MAOM，矿质结合态有机质。

处理（A40）和NO_3^--N处理（N40）分别导致MAOM组分中糠醛（N）的相对丰度显著增加了92.3%和48.8%（图2.9d）。同时，低剂量NO_3^--N处理样方MAOM组分中乙酸（K）的相对丰度显著增加（图2.9d）。高剂量NH_4^+-N处理显著降低全土和MAOM组分中吡咯（O）的相对丰度（图2.9a~d）。

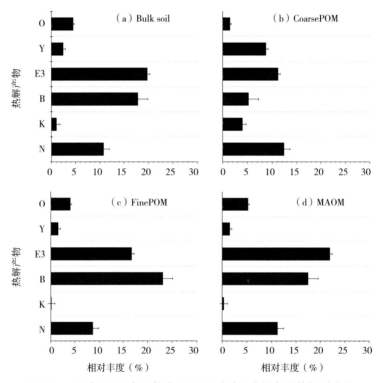

图2.8 CK全土及3个颗粒态SOM组分中6种化合物的相对丰度

注：O，吡咯；Y，苯酚；E3，甲苯；B，苯；K，乙酸；N，糠醛；Bulk soil，全土；CoarsePOM，粗颗粒态有机质；FinePOM，细颗粒态有机质；MAOM，矿质结合态有机质。

糠醛/吡咯比（N/O）、吡咯/苯酚比（O/Y）、脂肪族/芳香族比（AL/AR）、苯/甲苯比（B/E3）常用来评价SOM的矿化和腐殖化程度。与对照相比，施氮显著增加MAOM和全土的N/O（图2.9a~d）。同时，氮添加边缘显著改变全土和MAOM的AL/AR（$P<0.1$）。低剂量NH_4^+-N处理（A40）显著增加MAOM组分的AL/AR（图2.9d），而高剂量NO_3^--N处理（N120）显著增加全土的AL/AR（图2.9a）。

第2章 氮素形态和剂量对森林土壤有机碳数量和质量的影响

表2.2 不同试验处理下3个SOM组分中各类化合物的相对丰度

单位：%

组分	处理	烷烃类	烯烃类	芳香类	木质素	多环芳烃类	含氮化合物	苯并呋喃类	苯酚类	多糖类
CoarsePOM	CK	4.8±1.9	2.0±0.5	21.9±5.0	11.2±9.1	16.5±3.8	7.2±1.7	3.6±0.5	16.5±2.6	16.4±4.9
	A40	3.3±0.3	1.5±0.2	19.0±0.7	14.7±2.1	13.9±1.5	6.4±0.4	3.3±0.4	20.7±2.0	17.1±1.1
	N40	3.6±0.9	1.8±0.4	22.9±2.1	8.9±4.3	16.3±1.5	8.0±2.0	3.8±0.3	14.9±1.1	19.8±0.4
	A120	3.0±0.8	1.5±0.4	19.1±2.6	15.8±7.9	15.3±5.1	5.9±1.0	3.3±0.5	15.8±2.4	20.3±2.7
	N120	3.1±0.7	1.5±0.4	19.2±3.3	16.8±8.4	15.0±4.0	8.8±2.4	3.4±0.8	16.7±0.3	15.6±2.4
FinePOM	CK	6.5±0.5	3.3±0.4	44.2±2.6	0.1±0.0	13.9±1.7	15.4±0.7	5.5±0.5	2.3±0.7	8.8±3.6
	A40	4.9±0.3	2.9±0.4	43.5±2.6	0.2±0.1	15.8±2.0	17.5±1.9	6.3±0.6	2.8±0.4	6.2±3.1
	N40	4.6±0.6	3.2±0.7	40.8±5.8	0.1±0.0	12.7±0.7	17.5±1.5	5.3±0.1	2.3±0.5	13.6±6.0
	A120	6.9±1.4	4.0±1.1	39.3±3.5	0.1±0.0	15.9±1.4	13.4±2.0	5.2±0.9	4.4±2.2	10.7±3.3
	N120	5.6±0.2	2.8±0.4	39.5±5.0	0.2±0.0	13.6±1.0	16.5±0.5	5.6±0.8	4.2±2.3	11.9±4.9
MAOM	CK	4.6±0.4	2.5±0.4	43.6±2.9	0.1±0.0	9.1±1.0	21.9±1.0	4.8±0.2a	1.9±0.1	11.5±1.5b
	A40	3.9±0.7	2.3±0.3	37.5±3.6	0.1±0.0	8.0±0.5	19.8±1.1	4.2±0.3ab	2.0±0.3	22.2±5.3a
	N40	4.3±0.9	2.4±0.2	36.4±2.2	0.1±0.0	8.0±0.6	18.6±1.1	3.6±0.3b	2.8±0.8	23.8±1.1a
	A120	4.3±0.2	2.7±0.1	40.2±0.9	0.1±0.0	8.3±0.8	18.8±1.0	4.1±0.2ab	2.1±0.4	19.3±1.1ab
	N120	5.4±0.9	2.6±0.2	36.2±1.5	0.1±0.0	8.9±0.9	18.7±0.7	3.8±0.2b	2.8±0.4	21.5±2.8a

注：表中的数值为均值±标准误；同列不同小写字母表示不同试验处理间差异显著（$P<0.05$）。

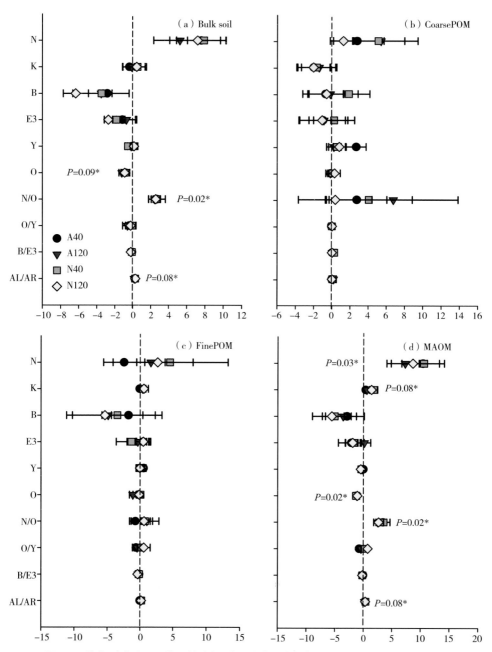

图2.9 施氮对全土及3种颗粒有机质组分中6种化合物丰度和降解指数的影响

注：N/O，糠醛/吡咯比；O/Y，吡咯/苯酚比；B/E3，苯/甲苯比；AL/AR，脂肪族（糠醛+乙酸）/芳香族（苯+甲苯+吡咯+苯酚）比；*表示处理间差异显著（$P<0.05$）；Bulk soil，全土；CoarsePOM，粗颗粒态有机质；FinePOM，细颗粒态有机质；MAOM，矿质结合态有机质。

（3）SOC含量与化学组成之间的关系　线性回归结果表明，不同粒径 SOC 含量分别与多环芳烃类和苯并呋喃类化合物的相对丰度显著负相关（图2.10a，c），而与含氮化合物和多糖类化合物显著正相关（图2.10b，d）。SOC含量与全土及各粒径SOM组分中单个热解产物的相对丰度相关性不显著。然而，SOC、MAOM-C含量与分别与全土、MAOM组分的腐殖化系数（B/E3）显著负相关，能够被线性和指数递减方程很好地拟合（图2.11）。

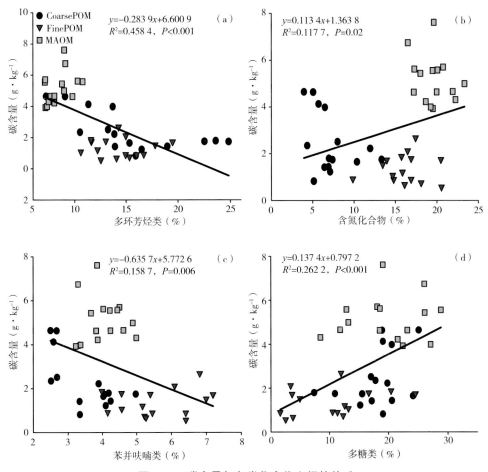

图2.10　碳含量与各类化合物之间的关系

注：CoarsePOM，粗颗粒态有机质；FinePOM，细颗粒态有机质；MAOM，矿质结合态有机质。

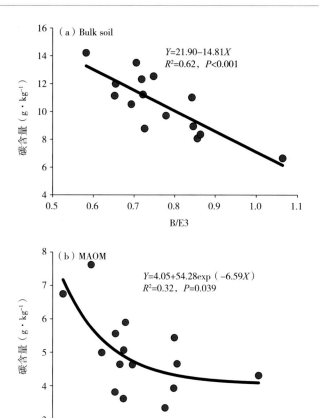

图2.11 碳含量与腐殖化系数（B/E3）之间的关系

注：Bulk soil，全土；MAOM，矿质结合态有机质。

2.3.2 氮素形态和剂量对寒温带针叶林SOM数量和质量的影响

（1）全土及不同密度组分碳含量　氮添加显著影响全土SOC含量，取决于氮添加剂量和形态。对照处理中，有机层和0~10 cm矿质层SOC含量分别为310.59 g·kg^{-1}和80.30 g·kg^{-1}（图2.12）。施加NH_4Cl导致有机层SOC含量显著降低了28.35%~54.23%，但没有改变矿质层SOC含量（图2.12a~b）。相反，施加KNO_3倾向于增加有机层和矿质层的SOC含量，低剂量和中剂量KNO_3处理分别导致有机层和矿质层SOC含量显著增加了26.53%和87.44%（图2.12c~d）。对于施加NH_4NO_3而言，中剂量NH_4NO_3处理导致有机层SOC含量显著降低了27.09%，而高剂量NH_4NO_3处理矿质层SOC含量显著增加了162.10%（图2.12e~f）。

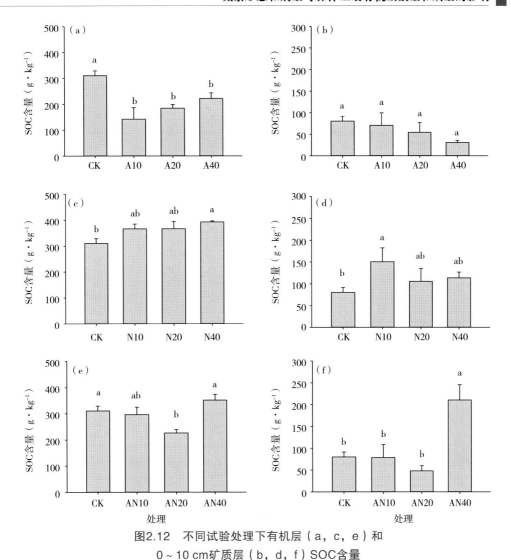

图2.12 不同试验处理下有机层（a, c, e）和
0~10 cm矿质层（b, d, f）SOC含量

注：柱上不同小写字母表示不同试验处理间差异显著（$P<0.05$）。

嵌套方差分析结果表明，氮形态显著影响轻组和重组碳含量（表2.3）。与土壤SOC含量相似，不同剂量NH_4Cl添加不影响轻组和重组碳含量，但低剂量和高剂量KNO_3添加倾向于增加轻组碳含量（图2.13a~d）；施加NH_4NO_3不改变轻组碳含量，但高剂量NH_4NO_3处理显著增加了重组碳含量130.92%（图2.13e~f）。

氮磷富集对森林土壤碳积累的差异性影响及其驱动机制

表2.3 施氮剂量和形态对土壤轻组和重组碳含量、化学组成及稳定性指数的影响（P值）

密度组分	变异来源	碳含量	化学位移							有机质稳定性		
			0~45 ppm	45~60 ppm	60~90 ppm	90~110 ppm	110~145 ppm	145~165 ppm	165~190 ppm	降解度	芳香度	疏水度
			烷基碳	甲氧基/氮烷基碳	烷氧基碳	双烷氧基碳	芳基碳	芳香基碳	羧基碳			
轻组	剂量	0.330	0.001	0.004	0.007	0.004	0.800	0.740	0.098	0.007	0.850	0.010
	形态	0.001	0.830	0.800	0.900	0.840	<0.001	<0.001	0.840	0.990	<0.001	0.970
重组	剂量	0.260	0.002	0.037	0.012	<0.001	0.450	0.400	0.014	<0.001	0.410	0.008
	形态	0.007	0.970	0.680	0.950	0.500	0.004	0.002	0.860	0.990	0.007	0.760

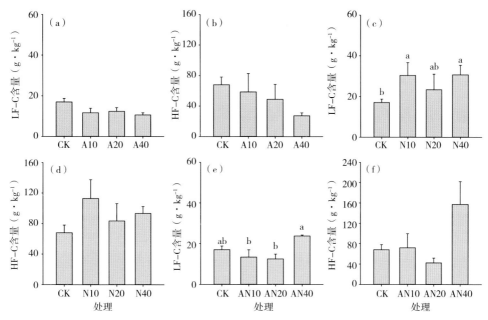

图2.13 不同试验处理下0~10 cm矿质层轻组和重组碳含量

注：LF-C，轻组碳；HF-C，重组碳。

线性回归分析结果表明，氮素富集条件下，轻组和重组碳含量变化量均与总有机碳含量变化量显著正相关，可分别解释总有机碳含量变化的37%和98%（图2.14a~b）。

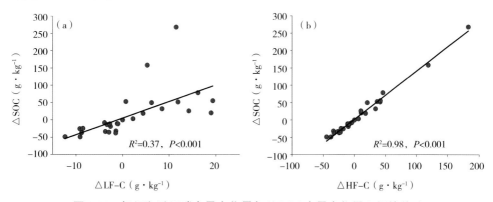

图2.14 轻组和重组碳含量变化量与总SOC含量变化量之间的关系

注：ΔSOC总SOC含量变化量；ΔLF-C，轻组碳含量变化量；ΔHF-C，重组碳含量变化量。

（2）全土、两个密度组分的分子组成与化学结构　不同试验处理下两个密度组分的^{13}C-CP/MAS NMR光谱如图2.15所示。各个处理中不同密度组分的NMR谱图中化学位移规律相似。在烷基碳区域（0～45 ppm），30 ppm处的CH_2基团来自长链多亚甲基结构（例如脂肪酸、蜡质和生物聚酯）或植物半纤维素中烷基和乙酰基衍生化合物的末端甲基。在烷氧基区域（45～110 ppm），55 ppm被命名为甲氧基烷基碳、氮组分，通常来源于木质素衍生物愈创木基和紫丁香基或氨基酸中的C—N键。72 ppm处的信号可表示为纤维素和多糖半纤维素的吡喃糖苷结构中C2、C3和C5的碳重叠共振。104 ppm处的峰与新鲜植物中纤维素和半纤维素的端基碳有关。129 ppm处的峰可归因于木质素或木质素半降解的结构，以及缩合的芳香族和烯烃碳。芳香基（145～160 ppm）存在的区域145 ppm处的峰较小，但证实了木质素组分的存在。最后，172 ppm处的峰值表示存在大量羧基（源于植物和微生物的脂肪酸）或酰胺基（氨基酸单体）。

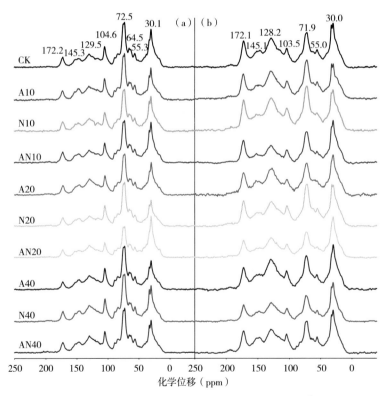

图2.15 不同试验处理下矿质层轻组（a）和重组（b）固体^{13}C核磁共振图谱

氮添加显著改变两个密度组分含碳官能团的分布及其结构组成，取决于氮添加的剂量和形态（表2.3）。施氮剂量显著影响烷基碳、甲氧基/氮烷基碳、烷氧基碳、双烷氧碳和羧基碳的比例，而施氮形态显著影响芳基碳和酚基碳的比例（表2.3）。与对照相比，所有施氮处理均显著降低轻组和重组的烷基碳和甲氧基/氮烷基碳的比例，而显著增加轻组和重组烷氧基碳、双烷氧碳和重组羧基碳的比例（表2.4）。此外，施加NH_4Cl倾向于增加芳基碳和酚基碳的比例，而添加KNO_3和NH_4NO_3的影响完全相反，且与氮剂量无关（表2.4）。

施氮剂量显著影响轻组和重组的降解度和疏水度，而施氮形态仅影响其芳香度（表2.3）。与对照相比，施氮不改变轻组的降解度，而低剂量NH_4Cl、KNO_3和各剂量的NH_4NO_3处理显著降低重组的降解度（图2.16a～c）。类似地，施氮不影响轻组的疏水度，而低剂量NH_4Cl和低中剂量KNO_3处理显著降低重组的疏水度（图2.16e～g）。此外，施氮不改变重组的芳香度，而高剂量NH_4Cl处理显著增加轻组的芳香度，低、高剂量KNO_3和NH_4NO_3处理显著降低轻组的芳香度（图2.16g～h）。

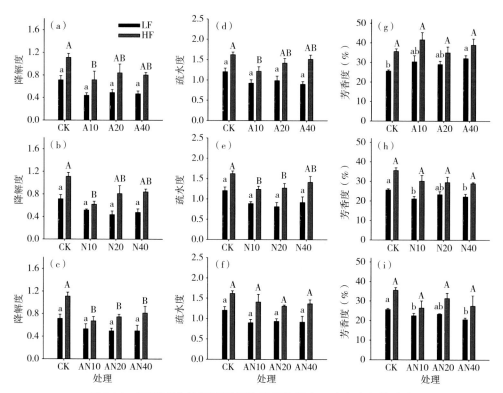

图2.16 不同试验处理下轻组和重组降解度、疏水度和芳香度

注：柱上不同大写字母表示重组相应参数不同试验处理间差异显著，不同小写字母表示轻组相应参数不同试验处理间差异显著（$P<0.05$）。

表2.4 不同试验处理下核磁共振谱图中主要化学位移区的相对强度

密度组分	处理	0~45 ppm 烷基碳	45~60 ppm 甲氧基氮烷基碳	60~90 ppm 烷氧基碳	90~110 ppm 双烷氧基碳	110~145 ppm 芳基碳	145~165 ppm 芳香基碳	165~190 ppm 羧基碳
轻组	CK	30.1±1.7a	7.0±0.2a	27.0±1.2b	8.2±0.3b	18.9±0.46 bc	5.9±0.1bc	3.3±0.2a
	A10	21.5±3.0b	6.6±0.2ab	32.1±1.7ab	10.2±0.1a	22.2±2.69 ab	7.2±0.5a	3.7±0.5a
	N10	26.6±1.2ab	6.6±0.3ab	33.6±0.4ab	9.3±0.2ab	15.4±1.27 cd	5.0±0.1cd	3.8±0.6a
	AN10	23.7±2.6ab	6.9±0.2a	32.5±1.5ab	9.1±0.2ab	16.2±0.76 cd	5.2±0.4cd	4.4±0.6a
	A20	22.5±1.9b	6.4±0.1ab	31.3±2.3ab	9.6±0.5ab	21.3±1.38 ab	6.5±0.4ab	4.2±0.4a
	N20	22.1±2.0b	6.1±0.1b	35.1±2.4a	10.3±0.8a	16.6±1.28 cd	5.7±0.3bcd	4.1±0.2a
	AN20	23.7±1.3ab	6.4±0.1ab	31.7±1.4ab	9.9±0.3ab	17.2±0.41 cd	5.2±0.2cd	3.9±0.1a
	A40	22.8±1.6b	6.5±0.4ab	33.1±2.1ab	9.8±0.5ab	23.9±1.30 a	6.8±0.4a	3.7±0.4a
	N40	22.8±1.2b	6.3±0.2ab	32.8±3.5ab	9.6±0.9ab	16.3±1.03 cd	5.1±0.3cd	3.7±0.2a
	AN40	22.0±1.9b	6.4±0.2ab	32.7±3.3ab	9.6±0.9ab	14.9±0.84d	4.9±0.2d	4.1±0.4a
重组	CK	34.6±2.0a	6.7±0.2a	18.1±0.8b	5.0±0.5b	24.3±0.8abc	8.3±0.4abc	6.8±0.6b
	A10	24.8±5.2ab	6.2±0.5ab	22.6±1.2a	7.0±0.8ab	28.3±3.1a	10.0±0.7a	9.1±0.6ab
	N10	22.0±1.5b	6.1±0.4ab	21.1±0.8ab	8.5±0.1a	19.9±2.4c	7.5±0.3bcd	9.2±0.5ab
	AN10	22.6±1.3b	5.3±0.9b	22.7±0.7a	7.6±0.3a	18.1±2.1c	5.7±1.1d	9.6±1.3a
	A20	28.2±4.8ab	6.4±0.3ab	20.8±1.1ab	6.4±1.2ab	24.1±1.8abc	8.5±0.8abc	8.1±0.8ab
	N20	28.7±4.0ab	5.7±0.7ab	22.0±1.2a	7.5±0.9a	20.1±1.7c	6.7±0.9cd	8.1±0.8ab
	AN20	26.1±1.9ab	6.1±0.1ab	22.3±1.9a	8.1±0.04a	22.0±1.7abc	6.6±1.1cd	8.4±0.3ab
	A40	25.0±1.6ab	5.5±0.4ab	20.1±2.3ab	7.1±0.3ab	27.0±2.0ab	9.3±0.7ab	7.9±0.7ab
	N40	28.3±0.9ab	5.3±0.6b	21.0±2.6ab	7.2±0.5ab	20.6±0.5bc	6.3±0.2d	7.7±0.4ab
	AN40	26.7±2.5ab	5.9±0.4ab	21.5±0.5ab	7.7±0.7a	17.9±3.9c	7.0±0.9bcd	9.4±1.0ab

注：不同小写字母表示不同试验处理间差异显著（$P<0.05$）。

第2章 氮素形态和剂量对森林土壤有机碳数量和质量的影响

采用热裂解-气相色谱-质谱联用技术,研究发现氮沉降对全土和不同密度组分化学结构的影响与氮形态有关。低剂量NH_4^+-N输入显著增加全土中苯的相对丰度(图2.17a)。施加KNO_3和NH_4NO_3对全土中甲苯和苯酚相对丰度的影响趋势相同,表现为3个剂量KNO_3和NH_4NO_3处理均显著增加甲苯的相对含量,却显著降低苯酚的相对丰度(图2.17e~i)。不同密度组分化合物及其比例对不同施氮处理的响应也不同(图2.18)。与对照相比,高剂量的KNO_3和NH_4NO_3添加对轻组中乙酸相对丰度的影响完全相反,前者显著增加乙酸的相对含量,而后者显著降低其含量(图2.18e~f)。与对照相比,低、中剂量的NH_4Cl添加分别显著增加重组吡咯的相对丰度以及吡咯/苯酚比(图2.18a~g)。

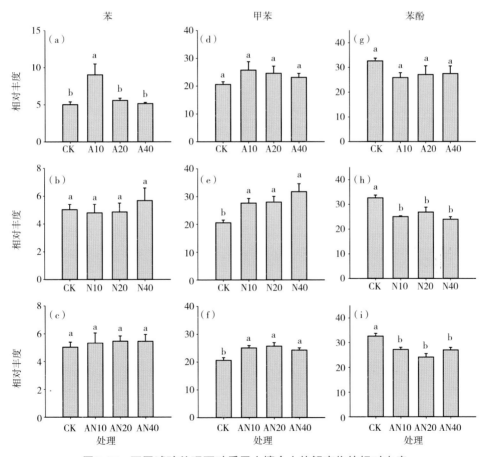

图2.17 不同试验处理下矿质层土壤全土热解产物的相对丰度

注:柱上不同小写字母表示不同试验处理间差异显著($P<0.05$)。

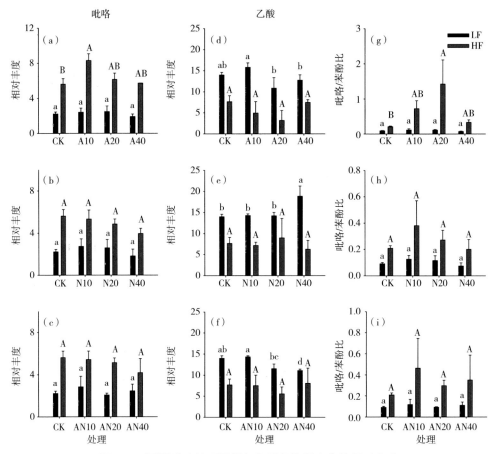

图2.18 不同试验处理下轻组和重组热解产物的相对丰度

注：LF，轻组；HF，重组；柱上不同大写字母表示重组相应参数不同试验处理间差异显著（$P<0.05$），不同小写字母表示轻组相应参数不同试验处理间差异显著（$P<0.05$）。

（3）碳含量与化学组成之间的关系 线性回归分析表明，轻组碳含量变化量（ΔLF-C）和重组碳含量变化量（ΔHF-C）均与烷基碳含量变化量（ΔAlkye C）负相关，与芳香碳含量变化量（ΔAromatic C）正相关（图2.19）。此外，前者回归方程斜率的绝对值大于后者（图2.19），表明芳香碳对SOC组分含量的影响更大。就稳定性指数而言，轻组碳含量与该组分的降解度、芳香度和疏水度呈显著的正相关关系（图2.20）。除芳香度外，重组碳含量与重组的降解度和疏水度呈显著的负相关关系（图2.20）。

第 2 章
氮素形态和剂量对森林土壤有机碳数量和质量的影响

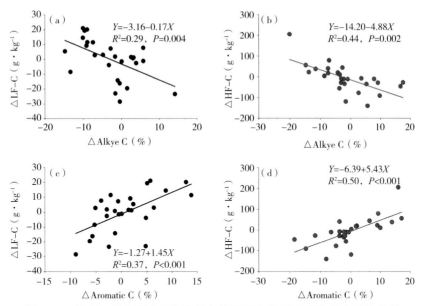

图2.19 轻组、重组碳含量变化量与烷基碳和芳香碳变化量之间的关系

注：ΔLF-C，轻组碳含量变化量；ΔHF-C，重组碳含量变化量；ΔAlkye C，烷基碳含量变化量；ΔAromatic C，芳香碳含量变化量。

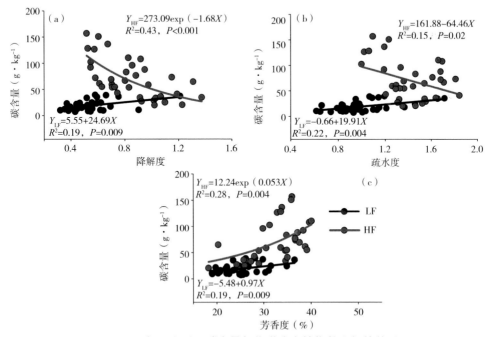

图2.20 轻组和重组碳含量与化学稳定性指数之间的关系

注：LF为轻组；HF，重组。

采用线性和非线性拟合方法分析轻组和重组碳含量与裂解产物比值之间的关系。结果表明，4个化学稳定性指数均与重组碳含量关系紧密，而与轻组关系不密切（图2.21）。从图2.21可以看出，重组碳含量与苯/甲苯比（B/E3）和吡咯/苯酚比（O/Y）呈显著的负相关关系，而与糠醛/吡咯比（N/O）和脂肪族比/芳香族比（AL/AR）呈显著的正相关关系。

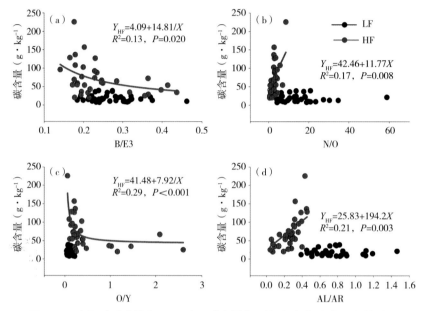

图2.21 表层矿质土壤轻组、重组碳含量与裂解化合物比率之间的关系

注：B/E3，苯/甲苯比；N/O，糠醛/吡咯比；O/Y，吡咯/苯酚比；AL/AR，脂肪族（乙酸+糠醛）/芳香族（苯+甲苯+吡咯+苯酚）比；LF，轻组；HF，重组。

2.3.3 亚热带人工林和寒温带针叶林SOM数量和质量对氮素富集的响应差异

（1）土壤碳含量差异　寒温带针叶林0～10 cm矿质层土壤碳、氮含量以及C/N比均显著高于亚热带人工林同层土壤（图2.22）。施氮对亚热带人工林土壤总有机碳、总氮（TN）及其C/N比无显著影响。当施氮剂量为40 kg·hm^{-2}·a^{-1}时，与对照相比，施加NO_3^--N显著增加寒温带针叶林总碳、总氮含量及C/N比，而施加NH_4^+-N显著降低总碳含量与C/N比（图2.22）。

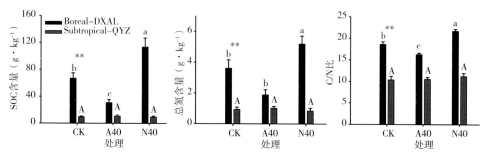

图2.22 不同试验处理下亚热带人工林和寒温带针叶林矿质层土壤碳、氮含量及C/N比

注：不同大、小写字母分别表示亚热带人工林（Subtropical-QYZ）、寒温带针叶林（Boreal-DXAL）不同试验处理间差异显著；星号（*、**）代表对照处理下两个森林之间的差异显著，*表示$P<0.05$；**表示$P<0.01$。

（2）SOM化学组成差异　主成分分析将亚热带人工林和寒温带针叶林的主要热解产物及其比值明显分开，X轴和Y轴可分别解释总变异的90.8%与5.8%（图2.23）。第1主成分表明亚热带人工林SOM中糠醛（N）、乙酸（K）、苯酚（Y）和甲苯（E3）4种化合物占主导，N/O以及AL/AR也相对高于寒温带针叶林。而寒温带针叶林SOM中苯（B）和吡咯（O）的相对丰度，以及B/E3和O/Y均高于亚热带人工林。

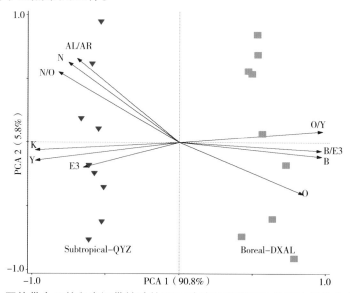

图2.23 亚热带人工林和寒温带针叶林SOM中主要热解产物及其比值的主成分分析

注：O，吡咯；B，苯；Y，苯酚；E3，甲苯；K，乙酸；N，糠醛；B/E3，苯/甲苯比；N/O，糠醛/吡咯比；O/Y，吡咯/苯酚比；AL/AR，脂肪族（乙酸+糠醛）/芳香族（苯+甲苯+吡咯+苯酚）比；Subtropical-QYZ，亚热带人工林；Boreal-DXAL，寒温带针叶林。

2.4 讨论

2.4.1 施氮对亚热带人工林SOM数量与质量的影响

SOM稳定性部分取决于团聚体的物理保护（von Lützow et al., 2006）。土壤团聚体可限制分解者的底物可接触性，从而物理保护SOM免于分解（Zhong et al., 2017）。本研究发现，施氮4 a显著降低了粉黏粒的百分比，而微团聚体的比例显著增加（图2.3）。研究结果表明，施氮有助于促进土壤微团聚体的形成，而微团聚体在团聚化过程中充当"微生物胶"的角色（Yu et al., 2012；Zhang et al., 2015；Cheng et al., 2018）。同时，氮添加也显著增加了微团聚体碳含量，主要归因于以下几个方面。首先，与大团聚体和粉黏粒组分相比，微团聚体具有更高的比表面积，能够吸附更多的外源氮，为微生物细胞附着提供了更多机会（Zhong et al., 2017）。其次，微团聚体粒径相对较小，能够物理保护微生物免受原生动物的破坏，因此具有更长的平均停留时间（Zhang et al., 2013）。最后，微团聚体中的有机碳更稳定，碳矿化速率更低（Yu et al., 2012）。因此，团聚体形成是氮素富集条件下亚热带人工林土壤碳积累的重要机制。团聚体形成过程可能会改变微环境（如土壤中的氧分压）或诱导微生物群落结构发生变化进而改变碳含量和微生物的空间分布（Ebrahimi and Or, 2016）。此外，土壤中粉黏粒组分通过物理作用固持SOC，在未耕种土壤中此碳库被认为已达到物理保护的最大容量（Hassink et al., 1997）。在大多数陆地生态系统中，粉黏粒结合的SOC和粉黏粒含量之间呈显著正相关关系（Hassink et al., 1997）。在本研究中，亚热带人工林种植已超过30 a，因此，可以合理地推断其SOC可能接近平衡，即来自植被生物量的碳输入量等于土壤动植物通过矿化所消耗的碳输出量。施肥4 a后，粉黏粒碳含量没有发生显著变化，也支持这种推断（图2.3）。由于长期碳积累主要归因于粉黏粒组分，当其保护能力接近饱和时，SOC含量增加的数量变得有限（Liang et al., 2009）。

对照处理中，土壤不同粒径有机质的分布模式：CoarsePOM<FinePOM<MAOM（图2.4），这与Stemmer等（1998）的研究结果相似，其供试土壤的类型（Cambisol）、SOM物理分组方法均与本研究相同。相反，Grandy等（2008）采用超声法和离心物理法对Kalkaska砂质土壤进行分组，得出SOM

组分的比例随着粒径的减小而减少。可见，粒径比例的分配模式取决于土壤物理化学预处理方法及土壤类型（Stemmer et al., 1998）。本研究中，施氮显著增加FinePOM的比例而减少MAOM的比例（图2.4），可能是由于新添加的氮先转化为可溶性有机氮，随后被吸附于粉黏粒上（Castellano et al., 2012）。然而，由SOM的化学结构特征表明，稳定的MAOC库与微生物源含氮化合物不成比例（Grandy et al., 2008）。此外，氮输入引起更多新鲜有机质的输入，其较高的C/N比和疏水度会削弱化合物与矿物质交换点位的结合作用（Bingham et al., 2016）。

施氮4 a不改变亚热带人工林土壤表层总有机碳含量，而高剂量NaNO$_3$显著增加细颗粒态有机碳和微团聚体结合态有机碳含量（图2.3，图2.4）。土壤碳库很大且缓冲能力强，短期内施氮（<5 a）不会显著改变全土有机碳的含量。氮素富集条件下，细颗粒态有机碳和微团聚体结合态有机碳含量均表现出明显的累积，归因于植物凋落物的增加（如细根归还，Kou et al., 2015）或微生物分解减慢（Wang et al., 2015）。同样，细颗粒态有机碳对增氮的响应比总SOC更加敏感，这一结论在其他氮肥添加试验中也被发现（Yu et al., 2012；Cheng et al., 2018）。尽管CoarsePOM和FinePOM均来源于植物凋落物，但是外源性氮输入更容易被吸附于细颗粒态有机质中。氮沉降增加直接提高NH$_4^+$浓度，进一步提高了土壤的导电性，产生更高的离子强度（Zhong et al., 2017）。土壤环境的改变会降低土壤细颗粒结构中的氧分压，减弱微生物对该组分的分解（DeForest et al., 2004）。土壤MAOC含量的变化量能够解释SOC含量变化量的90%（图2.5），由于氮素富集条件下土壤MAOC含量无明显变化，因此土壤总SOC含量没有发生显著改变。考虑到MAOM组分在SOC截存中起主导作用（Cheng et al., 2017，2018），我们可以推断大气氮沉降对我国南方亚热带人工林土壤碳汇的影响有限。

利用热裂解-气相色谱-质谱联用技术，鉴定并定量出92种热解化合物。根据它们的来源和化学特性可大致分为9类：植物源聚合物（烷烃类、烯烃类、苯酚类和木质素类）、微生物源（含氮化合物和多糖类）、黑炭（芳香族、苯并呋喃类和多环芳烃类）（表2.1）。具体内容如下。

烷烃、烯烃类共包含48个直链脂类化合物（表2.1），不同的支链长度来源迥异（Abelenda et al., 2011）。例如，短链脂肪类（$n<20$）可能来源于抵

御生物降解的微生物脂类细胞壁或微生物对长链烃的分解（Buurman et al.，2006）；长链烃类化合物主要来源于植物输入，如生物聚合物（角质、木栓质）（Nierop et al.，2001）。FinePOM组分中该类化合物比例较其他两个组分高（表2.2），表明在自然状态下SOM不同组分的分解和保护状态不同（Buurman and Roscoe，2011）。

芳香类化合物包含5种热解产物，包括苯、二氢化茚、茚、甲苯和甲基茚。对照处理中苯和甲苯的相对丰度高达45%（Geng et al.，2017）。芳香类化合物主要来源于蛋白质（Chiavari et al.，1992）或植物的不完全燃烧（Kaal and Rumpel，2009）。FinePOM及MAOM组分中芳香化合物的相对含量高于CoarsePOM，表明前两个组分分解程度更大（Carr et al.，2013）。

多环芳烃类化合物包括14种定量化合物，其中4个或5个苯环的化合物明确表示为燃烧产物（González-Pérez et al.，2014）。惹烯是针叶树种松烯的热解产物，可指示本研究区域中的松属人工林（Simoneit et al.，2000）。多环芳烃类化合物在POM（>53 μm）中的比例更高，这归因于碳化合物的选择性分解（Oliveira et al.，2016）。此外，线性回归分析表明，3个SOM组分的碳含量与多环芳烃类化合物D相对含量显著负相关（图2.10），这是由于黑炭在热带区域容易发生生物降解（Buurman et al.，2007）。同时，这与长期林火事件导致碳截存降低的结果相一致（Mayle et al.，2000）。

木质素类化合物中共定量出10种化合物，可归为对羟基苯木质素、愈疮木基木质素及紫丁香基木质素3类（Kögel-Knabner，2002）。本研究中愈创木基木质素相对含量很高，反映了针叶林SOM的主要特征（Abelenda et al.，2011）。木质素类化合物含量随粒径的减小而减少，甚至不存在于MAOM中（表2.2），这与其他研究结果类似（Bol et al.，2009；Grandy et al.，2008）。

苯酚类化合物主要包括苯酚、甲基苯酚和乙基苯酚，它们主要来源于蛋白质、木质素和纤维素（Heemst et al.，1999）。本研究中，CoarsePOM中的苯酚含量远远高于FinePOM和MAOM，表明甲基苯酚类化合物主要来源于新鲜木质素（Ralph and Hatfield，1991）。

含氮化合物中定量的产物有吡啶、吡咯、苄腈和吲哚等。一般来说，含氮化合物主要是蛋白质、多肽和氨基酸的热解产物（Galletti and Keeves，1992）。本研究中CoarsePOM的含量明显低于其他两个组分，这是因为一些物理保护（吸附和团聚化过程）参与氨基酸或蛋白质的固定（Gleixner et al.，2002）。如果更多含氮化合物累积在小粒径土壤中吸附的作用会更强。此外，本研究发现含氮化合物与碳含量呈显著正相关关系（图2.10）。采用同位素标记方法，Gleixner等（1999）研究发现蛋白质、氨基酸和几丁质等含氮前体物在土壤中均有较长的驻留时间，在有机质分解和腐殖化过程中能够保存下来。

苯并呋喃类化合物包括苯并呋喃、1-甲基苯并呋喃和氧芴3种化合物，它们均来源于黑炭（Justi et al.，2017）。此外，苯并呋喃的低聚合结构也可能来源于木质素、纤维素的不完全燃烧（Kaal and Rumpel，2009）。FinePOM中黑炭比例较高是因为受水、养分和氧气的限制（Six et al.，2002）。本研究中该类化合物与碳含量呈显著负相关关系（图2.10），表明易分解化合物与惰性化合物（如黑炭）之间的选择性分解（Justi et al.，2017）。

多糖类化合物主要包括乙酸、2-糖醛和5-甲基-2-糠醛。多糖类化合物主要来源于植物或者微生物产物（Buurman and Roscoe，2011）。CoarsePOM和MAOM的含量显著高于FinePOM（表2.2）。之前研究也发现类似结果，如粉黏粒中富含多糖类化合物（Bol et al.，2009），这可解释为什么微生物产物较容易吸附在矿物质表面（Grandy et al.，2008）。而糠醛类化合物具有较慢的周转速率，并对腐殖化碳库贡献很大，且可被微生物再次利用（Gleixner et al.，2002）。我们的研究结果表明该类化合物与碳含量呈显著正相关，也佐证了这一点（图2.10）。

氮素富集没有显著改变CoarsePOM和FinePOM的化学组成，但是显著改变了全土和MAOM的化学结构。就九大类化学结构而言，施加高剂量NO_3^--N（N120）显著降低苯并呋喃类化合物的相对丰度；除高剂量NH_4^+-N（A120）外，其他施氮处理均显著增加多糖类化合物的相对丰度（表2.2）。大多数苯并呋喃类化合物与黑炭物质密切相关，可能受林火强度、频率及其分解程度的影响（Justi et al.，2017）。由于各试验处理样地距离较近，林火因素可以忽略。因此，NO_3^--N处理下苯并呋喃类化合物相对丰度的降低归因于木质素、纤维素不完全降解速率下降（Justi et al.，2017）。而NO_3^--N和NH_4^+-N添加均显著增加多糖类化合物的比例，潜在的原因包括：一方面，无机氮添加对碳水化合物派生的烷氧基碳的选择性固定，成土氧化物的交互作用可保护其不受微生物分解（Kleber et al.，2004）；另一方面，氮添加可抑制多糖分解相关酶的活性（α-1-4-葡萄糖苷酶和β-1-4-葡萄糖苷酶）（Zhang et al., 2017），进而导致碳水化合物的累积。Naafs（2004）也报道，多糖类化合物的累积是由于细菌活性的降低导致的。

就单个化合物而言，与对照相比，施加低剂量NH_4^+-N和NO_3^--N肥显著增加MAOM组分中糠醛（N）的相对丰度，施加低剂量NO_3^--N肥显著增加该组分中乙酸（K）的相对丰度（图2.9）。糠醛（N）和乙酸（K）主要来源于纤维素、脂质及其他易降解的碳水化合物（Aranda et al., 2015）。Zhang等（2017）研究发现，低剂量（40 kg·hm^{-2}·a^{-1}）NH_4Cl和$NaNO_3$输入加速了土壤NO_3^-积累以及土壤酸化，进而抑制碳水解酶活性，暗示着碳水化合物的分解速率下降（Deforest et al., 2004）。相反，中、高剂量氮输入显著增加亚热带人工林土壤纤维二糖水解酶活性（Wang et al., 2018），表明施氮促进了纤维素释放二糖的过程（Currey et al., 2010）。因此，低剂量氮输入更容易导致我国南方亚热带人工林土壤碳水化合物的积累。研究还发现，高剂量NH_4^+-N输入显著降低了全土和MAOM中吡咯（O）的相对丰度（图2.9）。吡咯是一种惰性含氮化合物，主要来源于微生物的蛋白质降解，并富含于黏土组分（Nierop et al., 2005）。氮素富集条件下吡咯的相对丰度减少表明微生物活性下降，与土壤磷脂脂肪酸（PLFAs）含量下降一致（Wang et al., 2015）。

糠醛/吡咯比（N/O）、吡咯/苯酚比（O/Y）、脂肪族比/芳香族比（AL/AR）、苯/甲苯比（B/E3）可用于评价SOM的矿化和腐殖化程度（Aranda et al., 2015）。N/O表示糠醛（多糖的热解产物）与来源于含氮化合物、腐殖化物质或微生物细胞的吡咯之间的比值（Ceccanti et al., 2007）。N/O越高，有机质可矿化性越低，多糖含量越高（Marinari et al., 2007）。在本研究中，施氮显著增加全土和MAOM的N/O（图2.9），表明氮富集会降低SOM的分解速率，尤其是惰性SOM组分，这与真菌生物量及其活性降低的结果一致（Wang et al., 2015）。利用^{1}H-NMR光谱和PLFA技术，Feng等（2010）研究发现，施氮显著降低森林土壤中真菌/细菌比和革兰氏阴性/阳性细菌比，增加木质素、苯酚中的酸/醛比，增加矿质层木质素的分解。AL/AR是指容易代谢的脂肪族化合物与难降解的芳香族化合物之间的比值。全土和MAOM的AL/AR增加，暗示着施氮可能会增加土壤腐殖质的可分解性（Hagedorn et al., 2008）。类似地，Feng等（2010）也发现，施氮能够促进木质素和易水解脂质的微生物降解，导致土壤中植物源惰性化合物（如烷基碳）的累积。此外，

B/E3可以有效评估有机质的缩合程度和稳定性（Ceccanti et al.，2007）。在本研究中，尽管施氮没有改变B/E3，但是发现B/E3与SOC含量之间存在显著的负相关关系（图2.11），表明低腐殖化指数B/E3是由有机碳的高消耗导致的（Ceccanti et al.，2007）。因此，在施氮初期亚热带人工林中SOC积累会伴随着较高的土壤CO_2排放。

2.4.2 施氮对寒温带针叶林SOM数量和质量的影响

施氮6 a显著改变了寒温带针叶林土壤碳含量，意味着寒温带针叶林土壤碳储量对大气氮沉降响应十分敏感。施加NH_4Cl降低有机层SOC含量，施加KNO_3显著增加有机层和矿质层SOC含量，而施加NH_4NO_3显著降低有机层却增加矿质层土壤碳含量（图2.32）。研究结果表明，不同土层SOC含量对氮沉降的响应取决于施氮形态。Zak等（2008）报道，长期施加$NaNO_3$（30 $kg \cdot hm^{-2} \cdot a^{-1}$）抑制了森林土壤碳周转，导致北美东部温带硬木林地上生物量和SOM含量显著增加，增幅分别为51%和18%。同样，Frey等（2014）研究发现，在长期氮素富集条件下，温带森林土壤而非植物对生态系统碳储量的贡献更大，归因于SOM分解减慢而不是凋落物输入增加。也有证据表明，土壤碳储量的增加通常由分解速率降低所驱动，归因于NO_3^-累积对木质素分解酶活性（即酚氧化酶和过氧化物酶）的抑制作用（Zak et al.，2008）。相反，本研究发现施加NH_4Cl降低了有机层土壤碳含量，这与Ding等（2010）的研究结果一致，他们发现添加$(NH_4)_2SO_4$加速了凋落物的分解。也有研究发现，在氮限制条件下施加NH_4Cl可增加活性碳的转化速率，伴随着N-乙酰-氨基葡萄糖苷酶（NAG）和纤维二糖水解酶（CBH）活性的增强（Currey et al.，2010）。植物、微生物对NH_4^+和NO_3^-的偏好利用和激发效应也部分解释了它们对SOC累积的不同影响（Zhang and Wang，2012）。植物偏好吸收土壤NH_4^+-N，因此施加NH_4^+-N可增加植物生物量和凋落物返还量（Fang et al.，2012；Kuzyakov and Xu，2013）。此外，微生物也优先利用NH_4^+，因为细胞同化NO_3^-需要消耗更多的能量（Vallina and Le Quéré，2008）。由于我国区域大气氮沉降中NO_3^-/NH_4^+比倾向于增加（Liu et al.，2013），因此，未来大气氮沉降输入对氮限制森林SOC积累的促进作用可能比过去更强。

就不同密度组分碳含量而言，施氮形态也差异性地影响轻组和重组碳含量（表2.3）。不同剂量的NH_4Cl添加没有改变轻组和重组碳含量，但低剂量和高剂量KNO₃添加倾向于增加轻组碳含量；添加NH₄NO₃不改变轻组碳含量，但高剂量NH₄NO₃处理显著增加重组碳含量（图2.13）。假设施氮仅增加轻组活性有机碳库，那么它对总有机碳截存的影响可能不明显（Shahbaz et al.，2017）。这是由于活性有机碳组分在总有机碳库中所占的比例较少且周转时间较短（Trumbore，1997）。相反，稳定有机碳库（重组）所占的比例大且周转时间长，若该组分显著增加将对土壤总碳库贡献更大（He Y et al.，2016）。线性回归分析结果中重组碳含量对总有机碳含量的贡献高达98%也证明了这一点（图2.14）。施氮引起轻组碳的动态变化取决于碳输入（地上凋落物和地下根系残体）与碳输出（微生物分解释放）之间的平衡。Meta分析结果表明，施氮后地上凋落物生产及总根生物量分别增加了20.9%和23.0%（Xia and Wan，2008；Liu and Greaver，2010；Lu et al.，2011；Yue et al.，2016）。就碳损耗而言，施氮会刺激高质量凋落物的分解，碳损失增加2%，但是施氮导致低质量凋落物分解降低5%（Knorr et al.，2005）。因此，施氮总体上增加轻组碳含量，归因于有机残体输入的增加大于凋落物的分解。关于重组碳（HF-C），多数研究表明施氮导致更多的有机物转化成与矿物质结合的、化学性质更稳定的有机碳（Neff et al.，2002；Hagedorn et al.，2003；Moran et al.，2005；Cusack et al.，2010b），潜在影响机制包括：①无机氮通过与有机质发生缩合反应，促进植物残体与矿质结合态组分结合（Moran et al.，2005）；②增氮通过促进植物和土壤中含氮化合物如蛋白质的产生，进而增加有机-矿质复合体的形成（Kleber et al.，2007）。此外，重组性碳库主要取决于凋落物的分解而非受凋落物输入驱动（García-Orenes et al.，2016）。近期研究表明，稳定有机质的形成与凋落物碳转化及微生物降解/合成有关，上述产物在重组碳中占有很大比例（Cotrufo et al.，2013；Lehmann and Kleber，2015）。施氮提高地上凋落物质量并降低其C/N比，低C/N比的凋落物可分解性更强且易形成更多微生物产物，造成分解减慢（Cotrufo et al.，2013）。然而，氮素富集也会导致碳损失（如CO_2排放或溶解性碳淋失）多于SOM的截存（de Almeida et al.，2016）。因此，土壤氮素有效性与凋落物的可分解性影响着有机碳组分的分布与比例（Shahbaz et al.，2017）。

施氮剂量及形态不仅差异性地影响SOC的含量，也显著影响两个密度组分的化学结构。从核磁共振角度来讲，氮添加一致降低烷基碳和甲氧基/氮烷基碳的比例，但增加烷氧基碳、双烷氧基碳和羧基碳的比例（表2.4）。NH_4^+和

NO_3^-添加对SOC不同密度组分化学组成的影响各异。通常认为，烷基碳来源于植物聚合物（如角质、木栓质和蜡质）或土壤微生物的代谢产物，代表有机质最稳定、持久的部分（Ussiri and Johnson，2003；Dou et al.，2008）。烷氧基碳和双烷氧基碳是土壤微生物群落富含能量的活性碳，通常存在于碳水化合物（如糖、多糖）中（Zhang et al.，2009）。在有机碳分解过程中，它们是8个主要含碳官能团中最先失去信号强度的官能团（Balaria et al.，2009）。羧基碳也是相对有活性的碳，易受微生物活性的影响（Li et al.，2015）。氮添加倾向于增加LF和HF中烷氧基碳、双烷氧基碳和羧基碳的相对丰度（表2.4），表明施氮增加了碳水化合物和小分子有机酸的可获取性（Balaria et al.，2015）。在氮添加处理中烷氧基碳和羧基碳富集可以进一步促进微生物生长，相应地增加惰性有机碳（如木质素碳）的分解。与对照相比，施氮处理中较高的烷氧基碳含量归因于凋落物和根系残体（富含纤维素和木质素组分）在土壤中大量残留或来源于微生物多糖的较高积累。此外，团聚体对烷氧基碳组分的物理保护可能也有贡献。氮添加可以促进大团聚体的形成，通过降低微生物的可接近性而对团聚体内烷氧基碳产生物理保护（Dungait et al.，2012）。

施氮形态显著影响两种密度组分的芳香碳丰度和芳香度。NH_4Cl处理倾向于增加苯基碳和酚基碳的丰度以及LF的芳香度。然而，KNO_3和NH_4NO_3处理效应相反（图2.16）。与施加KNO_3处理相比，施加NH_4Cl增加芳香碳的相对丰度归因于以下两种机制。首先，添加的NH_4^+与芳香环结合形成更耐分解的物质（Ågren et al.，2001）。其次，氮素有效性增加降低了白腐菌木质素降解酶的产生（Deforest et al.，2004），导致木质素源芳香碳的积累。氧化酶活性的降低通常与芳香碳比例的增加密切相关（Gallo et al.，2004）。Wang等（2015）报道，铵态氮肥处理样方较硝态氮肥处理样方真菌丰度更低，氧化酶活性（即脱氢酶）更弱。据此可推断，施氮6 a显著降低轻组和重组烷基碳的丰度和重组的疏水度，这不利于寒温带针叶林SOC的稳定截存。此外，线性回归拟合发现，土壤碳含量变化与烷基碳的变化负相关，与芳香碳的变化正相关（图2.19）。研究结果表明，凋落物碳（如烷基碳）增加可能降低SOC含量，而惰性碳（如芳香碳）积累会导致寒温带针叶林SOC含量增加，反之亦然。

从热裂解-气相色谱-质谱联用技术着手，发现施氮6 a显著改变了寒温带针叶林SOM的化学结构，施氮形态的效应更明显。施加NO_3^--N显著增加轻组中乙酸（K）和全土中甲苯（E3）的相对丰度，而降低全土中苯酚（Y）的相对丰度（图2.17）。乙酸（K）来源于生物易降解产物，如碳水化合物或脂质，也可能是半纤维素乙酰基的热解产物（Dignac et al., 2005）。该结果与核磁共振技术所揭示的施氮增加烷氧碳的结果相一致。与植物凋落物相比，植物根系中含有更多的木质素，而脂类化合物和碳水化合物较少（Gangil，2015）。最近的Meta分析结果表明，施加硝态氮肥倾向于促进植物地上生物量，而铵态氮肥对植物地下生物量的促进效应更大（Yan et al., 2019）。因此，硝态氮增加轻组中碳水化合物与植物凋落物增加有关。苯酚（Y）的来源较多，如香草醛（Deforest et al., 2004）、氨基酸（Buurman et al., 2007）、单宁和蛋白质（Marinari et al., 2007）的热解。而硝态氮减少苯酚的相对含量表明，氮素富集条件下木质素降解作用减弱（Grandy et al., 2008），这与硝态氮富集条件下凋落物中木质素衍生物与次生化合物分解受到抑制相一致（Waldrop et al., 2004b）。有两种可能的机制用来解释这一现象：①累积的NO_3^-抑制木质素分解酶活性，包括酚氧化酶（PHO）和过氧化物酶（PEO）（Jian et al., 2016）；②由于配位体交换反应后聚合或吸附在矿物表面上的物理保护作用，植物凋落物木质素与氧化酚的分解作用减慢（Wang et al., 2017）。甲苯（E3）主要是蛋白质、木质素和多糖的热解产物（Nierop et al., 2001），在施加硝态氮处理下显著增加（图2.17）。有研究报道，较高的E3相对丰度与较多的矿化/聚合产物的存在有关（Ceccanti et al., 2007）。

施加铵态氮显著增加全土苯（B）和重组吡咯（O）的相对丰度及吡咯/酚比（O/Y）（图2.17）；同样，通过核磁共振技术也发现施加NH_4Cl显著提高了苯基碳和酚基碳的相对丰度。苯（B）是一种简单的芳香族片段，通常由缩合芳香结构的化合物热解产生（Bracewell and Robertson, 1984），也可能来源于焦化物质（Buurman and Roscoe, 2011）。NH_4^+-N富集处理下苯的相对丰度增加与SOM的腐殖化过程或脂肪族化合物的环化加速有关（Ayuso et al., 1996）。吡咯（O）是一种难降解的含氮化合物，主要来源于植物或微生物的前体，通过蛋白质的环化或热解形成（Dignac et al., 2005）。快速矿化后吡咯的相对丰度会增加，表明SOM分解更彻底（Marinari et al., 2007），可能是由于氮有效性缓解后微生物分解作用加速造成的（Aranda et al., 2015）。吡咯/酚比（O/Y）被认为是矿化程度指数，表示微生物细胞的含氮化合物与木质素-纤维素类物质的比值（Ceccanti et al., 1986）。O/Y越大，SOM的矿化程度越高（Ceccanti et al., 2007）。Currey等（2010）研究发现，施加NH_4^+-N

4 a后，土壤的矿化潜力显著增加，这主要是由于土壤pH等因素的影响，土壤微生物群落结构由细菌主导转变为由真菌支配。

2.4.3 施氮对亚热带人工林和寒温带针叶林SOC数量和质量的影响差异

尽管亚热带人工林与寒温带针叶林在全球碳储存中均扮演重要角色，但二者的碳储存结构却存在很大差异。热带森林中的碳56%以植物生物量的形式储存，32%储存于土壤。而寒温带针叶林中的碳只有20%储存于植物生物量，60%储存于土壤（Pan et al.，2011）。本研究发现，寒温带针叶林0～10 cm矿质层土壤碳、氮含量以及C/N比均显著高于亚热带人工林同层土壤（图2.22）。王春燕（2016）也发现，随着纬度的增加我国东部南北样带典型森林SOM含量呈指数增加的趋势。这与不同区域的气候条件（温度和降水）密切相关，因为在SOM转化过程中微生物和酶活性及溶质的运移受温度和水分影响（Sun et al.，2019）。例如，寒温带针叶林较低的温度会抑制微生物活性进而降低有机质的分解，导致有机质明显累积（王绍强等，2000）。相反，亚热带地区气候高温湿润，微生物分解加速，不利于有机质的积累（Oades，1988）。同时，土壤类型也是影响SOM数量和质量的重要因素。在亚热带湿润气候条件下发育的红壤，其表层腐殖质极薄；而寒温带针叶林区属于温带大陆性季风气候，土壤是发育于玄武岩残积物上的棕色针叶林土，凋落物层累积较厚。此外，人为干扰也是影响SOM分解的重要因素，经过长期土地利用变化和森林砍伐，千烟洲站区的植被类型由亚热带常绿阔叶林转变为人工林。由于林龄较为年轻（约30 a），亚热带人工林SOC储量可能处于增长阶段（张城等，2006）。大兴安岭研究区的森林类型为兴安落叶松原始林，林龄约为150 a。人工林SOM分解速率大于原始林（李海鹰，2007），因此诸多因素共同导致寒温带针叶林的SOC储量显著高于亚热带人工林的SOC储量。

本研究表明，亚热带人工林土壤矿质结合态碳和寒温带针叶林土壤闭蓄态重组均与总SOC含量显著正相关，表明惰性有机质组分决定了SOC含量（Hontoria et al.，1999）。主要原因是亚热带人工林SOM中矿质结合态与寒温带针叶林SOM中重组所占的比例最大。同时，含有大量的黏土矿物，比表面积和电荷密度大，对有机质的吸附能力强；这些黏土矿物还可能与大分子有机质（如腐殖质）形成更加稳定的有机-无机复合体，进而促进有机质的累积（Plante and Parton，2007）。

施氮对亚热带人工林土壤总碳、总氮及C/N比均无显著影响。当施氮剂量为40 kg·hm^{-2}·a^{-1}时，施加NO_3^--N显著增加寒温带针叶林土壤总碳、总氮含量及C/N比，施加NH_4^+-N显著降低总碳含量与C/N比（图2.22）。该研究结果表明，寒温带针叶林土壤总碳比亚热带人工林对氮添加的响应更为敏感。尽管氮通常被认为是森林生态系统最重要的限制性元素（Vitousek et al., 1997; LeBauer and Treseder, 2008），但是氮添加引起的生长加速也伴随着对磷需求的增加，然而在过去几十年氮沉降增加与磷输入增加并不同步，由此诱发的养分失衡会限制森林植被的生长（Peñuelas et al., 2013; Jonard et al., 2015）。相对于寒温带针叶林，亚热带人工林土壤中的磷易被铁、铝氧化物吸附固定而难以被利用（Huang et al., 2013; Dai et al., 2018）。亚热带人工林土壤风化程度高，植物和微生物更加受磷的限制（Vitousek et al., 1993），而寒温带针叶林生态系统氮素有效性较低，更加受氮的限制（Adamcayk et al., 2019）。因此，亚热带人工林土壤对氮沉降的响应敏感程度相较于寒温带针叶林更低。此外，大兴安岭寒温带针叶林秋季降水较少，土壤含水量低于千烟洲亚热带人工林。Meta分析结果表明，生长在干旱地区的植物对NH_4^+-N和NO_3^--N富集的响应比湿润地区更敏感（Yan et al., 2019）。因此，生长在干旱环境下的植物受水、氮的限制可能部分解释为什么寒温带针叶林碳储量对氮添加更加敏感。

亚热带人工林和寒温带针叶林的优势物种分别为中龄林马尾松和近熟林兴安落叶松，两者木材密度存在很大差异（王效科等，2001），导致凋落物的物理属性如孔隙大小、含水量及化学属性不同（A'Bear et al., 2014）。就化学结构组成而言，寒温带针叶林SOM中吡咯和苯的相对含量高于亚热带人工林，而亚热带人工林中的糠醛、乙酸、苯酚和甲苯4种化合物的相对含量要高于寒温带针叶林。这与寒温带针叶林土壤C/N比高于亚热带人工林的结果相一致，说明寒温带针叶林SOM中惰性碳比例大、质量低、难分解（Sollins et al., 1996）。一方面，寒温带针叶林的植被类型为杜香-落叶松林，其凋落物中含有较多的蜡质、木质素、纤维素和单宁等不易分解的有机物质（邵月红等，2005）；另一方面，该区域的针叶林植被所形成的枯枝落叶层容易发生酸性淋溶，加速棕色针叶林土活性碳的周转，导致土壤活性碳存留较少。而亚热带人工林典型红壤中游离氧化铁含量较高，对土壤酸化有一定的缓冲作用（徐仁扣，2015）。此外，寒温带针叶林SOM中的苯/甲苯比与吡咯/苯酚比高于亚热带人工林，而糠醛/吡咯比和脂肪族/芳香族化合物比则相反。这些比值用来表征有机质的腐殖化程度和矿化程度，暗示着寒温带针叶林SOM的腐殖化程度和矿化程度更高，而亚热带人工林SOM的可分解性更强。

亚热带人工林和寒温带针叶林SOM不同组分的化学组成对施氮的响应也存在明显差异。氮添加只改变亚热带人工林SOM惰性组分的化学组成，取决于施氮剂量和施氮形态。施加低剂量NO_3^--N增加了糠醛和乙酸的相对丰度，施加高剂量NO_3^--N降低了吡咯的相对丰度。糠醛和乙酸均属于多糖类化合物，其活性高于来源于蛋白质降解的吡咯。氮素富集条件下上述3类化合物的变化体现了微生物活性的下降，进而导致有机质分解速率的降低。同时，氮添加显著增加糠醛/吡咯比、酯类化合物/芳香类化合物比，也证实了施氮会降低有机质的矿化，进而导致有机质中活性化合物的累积。然而，有机质的可分解性增加可能不利于亚热带人工林土壤碳的长期储存。与之相比，施氮形态改变了寒温带针叶林土壤不同密度组分的化学组成，NO_3^--N显著增加轻组中乙酸及烷氧基碳的相对丰度，而施加NH_4^+-N显著增加重组吡咯的相对丰度及芳香度。NO_3^--N处理下轻组中碳水化合物累积明显，这归因于植物凋落物的增加；NH_4^+-N处理下重组中吡咯及芳香度的增加与微生物分解加速有关。

2.5 本章小结

本研究利用^{13}C CP/MAS NMR和Py-GC/MS方法探讨了亚热带人工林和寒温带针叶林SOM及其组分对不同施氮形态和剂量的差异性响应特征。结果表明，施氮4 a不改变亚热带人工林土壤总碳含量，但是施加高剂量NO_3^--N显著增加了缓性碳库，促进了微团聚体的形成。施氮6 a显著改变寒温带针叶林SOM不同密度组分的碳含量，取决于施氮形态。就化学结构而言，施氮显著改变亚热带人工林土壤惰性碳库的化学组成，增加其可降解性。施加NH_4^+-N可增加寒温带针叶林土壤重组中惰性化合物的比例，而施加NO_3^--N可增加轻组中活性化合物的比例。施加NH_4NO_3对SOC数量和稳定性的影响结果与KNO_3处理相似。因此，建议在评估大气氮沉降对全球陆地生态系统碳循环的影响时，应区分氮素形态和剂量影响的差异。

第3章 氮素形态和剂量对土壤微生物群落的影响

3.1 引言

氮沉降通过影响微生物分解过程来改变SOM的形成和化学组成（Liu et al., 2016c）。微生物生长受土壤氮素有效性的影响，在多糖和多酚降解过程中会发生解耦作用（Sinsabaugh et al., 2005）。一些研究表明，土壤氮有效性提升会通过刺激纤维素分解酶活性，加速凋落物活性组分的分解；但是会抑制氧化酶活性，进而降低木质素及其衍生物的降解（Pisani et al., 2015）。这些共识在一定程度上表明，施氮可能通过改变微生物的活性、组成和功能，进而改变SOM数量及其化学组成。然而，由于不同区域大气沉降的NH_4^+-N和NO_3^--N比例差异明显，因而NH_4^+/NO_3^-比变化可能会差异性地影响微生物的群落结构和功能（Liu et al., 2013；Tao et al., 2018）。例如，由白腐菌产生的木质素降解酶，在长期NO_3^--N处理下酚氧化酶活性受到抑制（Waldrop et al., 2004b；Pregitzer et al., 2008）。相反，由于真菌的肽聚糖细胞壁较厚，能比细菌更好地适应高浓度H^+（Rousk et al., 2010），因此，NH_4^+-N富集可以通过诱发土壤酸化，间接地增加真菌/细菌比（F/B）。遗憾的是，关于NH_4^+-N和NO_3^--N沉降对不同森林类型微生物群落生物量及SOM化学组成的差异性影响的报道较少，仍需更多的研究。

凋落物为土壤微生物生长代谢提供最主要的能量来源，大气氮沉降通过改变凋落物的数量和质量间接地影响微生物群落的结构与功能（Deforest et al., 2004）。SOM由具有不同化学结构的化合物组成（Baldock et al., 2004），它们差异性地影响着由微生物介导的土壤碳循环（Ng et al., 2014）。颗粒态有机碳（POC）库主要由植物源木质素、蜡质及真菌源氨基酸等化合物组成，微生物分解转化较快，对外部环境变化敏感（Kögel-Knabner, 2002; Six et al., 2002）。此外，土壤微生物直接、快速地影响POM的形成和化学结构，相应地支配着新生成的SOC的截存（Six and Paustian, 2014）。由于不同微生物对有机质的利用存在偏好，因此有机质的化学性质在一定程度上决定了微生物的群落结构（Fierer et al., 2007）。例如，高C/N比或高木质素含量的POM倾向于支持养分匮乏环境中的放线菌和真菌的生长（Eskelinen and Mnnist, 2009），而高质量新鲜有机质倾向于支持革兰氏阴性细菌的生长（Bastian et al., 2009）。微生物死体细胞对POM的贡献也因微生物种群的不同而异。真菌对惰性碳库的贡献大于细菌（Six et al., 2002），因为真菌细胞富含甲壳素，含有多种色素，C/N比高，比细菌细胞更难降解（Holland and Coleman, 1987）。然而，由于SOM化学结构和土壤微生物群落组成的复杂性，不同活性化合物和微生物群落之间的相互作用及耦联关系目前尚不清楚。

本章的主要研究内容与目标如下：①利用磷脂脂肪酸（PLFA）法测定土壤微生物生物量和群落结构，研究典型森林土壤微生物群落生物量对不同氮素剂量和形态的响应特征；②结合Py-GC/MS技术测定的SOM化学组成，探讨NH_4^+-N和NO_3^--N富集条件下SOM化学结构与功能微生物群落之间的耦联关系；③研究影响典型森林生态系统土壤碳截存的生物和非生物因素，揭示土壤碳截存调控的生物化学和微生物学机制。

3.2 材料与方法

3.2.1 研究区概况与试验设计

选择千烟洲亚热带人工林、大兴安岭寒温带针叶林多形态、多剂量无机氮添加试验，其试验设计以及采样方法详见第2章。

3.2.2 土壤基本属性测定

土壤总碳、总氮（TN）含量利用元素分析仪测定（Vario EL Ⅲ，Elementar, Germany）。土壤无机氮（NH_4^+-N、NO_3^--N）采用比色法测定。准

确称取15 g左右的鲜土放入150 mL的塑料瓶中，加入100 mL 2 mol·L^{-1} KCl溶液浸提，在回旋式振荡器上振荡1 h后用定量滤纸过滤，滤液用流动化学分析仪（AA3，SEAL，Germany）测定总溶解性氮（TDN）、NH_4^+-N、NO_3^--N浓度。可溶性有机氮（DON）等于总溶解性氮与总无机氮含量之差。同时，称取15 g新鲜土样，用100 mL去离子水，振荡1 h，经0.45 μm滤膜抽滤，利用总有机碳分析仪测定滤液中的溶解性有机碳（DOC）浓度。另外，称取15 g新鲜土样，加入100 mL 0.2 mol·L^{-1} KCl，振荡1 h，经滤纸过滤。土壤pH利用pH计（Mettler Toledo，Switzerland）测定，土：水比为1∶2.5。

3.2.3 土壤微生物丰度和群落结构（磷脂脂肪酸法）

利用磷脂脂肪酸法测定土壤微生物丰度与群落结构，包括浸提、分馏和量化等过程。首先，称取相当于8 g干土重的新鲜土壤样品，用提取液（CH_3OH∶$CHCl_3$∶磷酸缓冲液＝2∶1∶0.8）反复浸提，随后将浸提液、12 mL三氯甲烷和12 mL磷酸缓冲液倒入分液漏斗，避光静置过夜。收集分液漏斗下层目标液体进行萃取分离，将获取的磷脂脂肪酸进行甲基化处理，氮气吹干并排空氧气后封存于−80℃冰箱，备用。利用气相色谱结合MIDI系统（Microbial ID. Inc.，Newark，DE）进行量化分析，用于参比的是C9到C30的混合标准样品。在整个测定过程中注意避光和氧气等因素带来的氧化作用。

不同的PLFAs用来代表不同的功能微生物群。细菌的PLFAs包括15∶00、i15∶0、a15∶0、i16∶0、16∶1ω7c、17∶00、a17∶0、i17∶0、cy17∶0、cy 19∶0等（Frostegård and Bååth，1996）。革兰氏阳性（G+）细菌和革兰氏阴性（G−）细菌分别为15∶00、a15∶0、i16∶0、a17∶0、i17∶0和16∶1ω7c、cy17∶0、cy19∶0（Zelles，1999）。真菌包括18∶2ω6c、18∶1ω9c等；16∶1ω5c用来代表丛枝菌根真菌（AMF）（Frostegård and Bååth，1996）。其他PLFAs，包括14∶00、15∶00、16∶00、17∶00、18∶00、16∶12 OH，等，与上述所有PLFAs一起代表土壤微生物群落的总体生物量。G+/G−和F/B分别为革兰氏阳性细菌与革兰氏阴性细菌和真菌与细菌的比值（Wang et al.，2018）。

3.2.4 统计与分析

利用单因素方差分析（one-way ANOVA）方法研究不同试验处理对土壤理化性质、微生物生物量及群落结构的影响，利用Duncan多重比较方法评估均值之间的差异，显著性检验水平设为$P=0.05$（部分边缘显著设为$P=0.1$）。利用Pearson相关分析评价土壤碳含量与土壤性质、土壤微生物生物量和SOM化学结构之间的关系。采用Windows 5.0的CANOCO软件进行冗余分析（RDA）和方差分解（VPA），评价环境因子对土壤碳含量变化的相对贡献。利用逐步回归分析评价影响SOC及其组分碳含量的主控因子。

3.3 结果与分析

3.3.1 氮素形态和剂量对亚热带人工林土壤微生物群落的影响

（1）土壤基本属性　与对照相比，施氮4 a不改变土壤表层（0~20 cm）SOC、TN、DON、NH_4^+-N含量和C/N比（表3.1）。施加高剂量NH_4Cl和KNO_3导致土壤NO_3^--N含量增加了1.8倍（$P=0.002$，表3.1）。高剂量NH_4Cl和KNO_3处理分别导致土壤DON含量显著降低了30.1%和26.2%（$P=0.023$）。同时，高剂量NH_4Cl处理下土壤DON含量显著低于低剂量NH_4Cl和KNO_3处理（表3.1）。除高剂量NO_3^--N处理外，其余施氮处理均显著降低土壤pH，降低幅度为0.6~1.0个单位（$P<0.001$）。

（2）氮素富集对亚热带土壤微生物生物量的影响　从供试土壤样品中共检测出17种PLFAs，包括10种细菌PLFAs、2种真菌PLFAs和其他PLFAs 5种。细菌总PLFAs包括15∶00、i15∶0、a15∶0、i16∶0、16∶1ω7c、17∶00、a17∶0、i17∶0、cy17∶0、cy19∶0。革兰氏阳性（G+）细菌主要包括15∶00、a15∶0、i16∶0、a17∶0、i17∶0，革兰氏阴性（G-）细菌包括16∶1ω7c、cy17∶0、cy19∶0。真菌包括18∶2ω6c、18∶1ω9c。其他包括14∶00、16∶00、18∶00、16∶12 OH、16∶1ω5c，与上述所有PLFAs一起代表土壤微生物群落的总体生物量。本研究发现，对照样方中土壤总PLFAs含量为16.41 nmol·g^{-1}。与对照相比，各施氮处理没有改变土壤微生物量及细菌、真菌PLFAs含量，也没有改变微生物群落结构（表3.2）。

表3.1 不同试验处理下亚热带人工林表层（0~20 cm）土壤基本属性

处理	总碳 (g·kg⁻¹)	总氮 (g·kg⁻¹)	C/N比	可溶性氮 (mg·kg⁻¹)	铵态氮 (mg·kg⁻¹)	硝态氮 (mg·kg⁻¹)	可溶性有机氮 (mg·kg⁻¹)	土壤pH
CK	9.66 ± 0.91a	0.94 ± 0.14a	10.44 ± 0.77a	13.91 ± 1.18a	7.65 ± 1.00a	2.13 ± 0.40b	4.12 ± 0.28a	5.13 ± 0.32a
A40	10.96 ± 1.49a	1.03 ± 0.11a	10.58 ± 0.36a	15.84 ± 1.14a	7.74 ± 0.77a	3.99 ± 0.63ab	4.11 ± 0.35a	4.26 ± 0.05b
N40	9.43 ± 1.41a	0.86 ± 0.17a	11.28 ± 0.63a	14.57 ± 0.78a	7.08 ± 0.62a	3.53 ± 0.58b	3.95 ± 0.31ab	4.53 ± 0.04b
A120	11.15 ± 1.12a	0.94 ± 0.09a	11.87 ± 0.75a	16.13 ± 1.75a	7.22 ± 1.32a	6.03 ± 0.89a	2.88 ± 0.44c	4.10 ± 0.05b
N120	11.76 ± 1.59a	0.97 ± 0.11a	12.15 ± 1.43a	16.24 ± 1.39a	7.22 ± 1.11a	5.98 ± 1.12a	3.04 ± 0.35bc	5.17 ± 0.20a
F值	0.57	0.26	0.78	0.69	0.09	5.22	3.19	8.14
P值	0.69	0.90	0.57	0.60	0.99	0.002	0.023	<0.001

注：同列不同小写字母表示不同试验处理间差异显著（$P<0.05$）。

表3.2 不同试验处理下亚热带人工林土壤PLFAs类型和绝对含量

处理	Total PLFAs (nnol·g^{-1})	Gram positive (G+) (nnol·g^{-1})	Gram negative (G-) (nnol·g^{-1})	Bacteria (nnol·g^{-1})	Fungi (nnol·g^{-1})	F/B	G+/G-
CK	16.41 ± 3.56	3.46 ± 0.66	7.16 ± 1.70	12.55 ± 2.53	3.87 ± 1.03	0.3 ± 0.02	0.5 ± 0.04
A40	17.35 ± 1.66	4.12 ± 0.47	6.67 ± 0.78	13.00 ± 1.23	4.35 ± 0.44	0.33 ± 0.01	0.62 ± 0.02
N40	18.14 ± 3.47	4.41 ± 1.55	7.53 ± 0.97	14.07 ± 2.66	4.07 ± 0.83	0.29 ± 0.01	0.55 ± 0.14
A120	11.08 ± 2.89	2.43 ± 1.33	4.44 ± 0.82	8.51 ± 2.30	2.57 ± 0.59	0.31 ± 0.02	0.48 ± 0.18
N120	17.78 ± 2.06	3.71 ± 1.11	7.03 ± 1.22	13.26 ± 2.00	4.52 ± 0.07	0.36 ± 0.06	0.5 ± 0.09
F值	1.06	0.48	1.14	0.98	1.30	0.93	0.26
P值	0.43	0.75	0.40	0.46	0.34	0.49	0.90

注：Gram positive，革兰氏阳性细菌；Gram negative，革兰氏阴性细菌；Bacteria，细菌；Fungi，真菌；AMF，丛枝菌根真菌；Total PLFAs，总PLFAs；G+/G-，革兰氏阳性细菌/革兰氏阴性细菌比；F/B，真菌/细菌比。

（3）土壤碳含量与土壤属性、化学组成及微生物群落的关系 Pearson相关分析结果表明，NO_3^--N与糠醛、乙酸、糠醛/吡咯比、脂类/芳香类化合物比均呈显著的正相关关系（图3.1，$P<0.05$），而与苯、苯/甲苯比呈现极显著的负相关关系（$P<0.01$）。真菌、G+细菌、细菌、总PLFAs、DOC和NH_4^+-N均与糠醛呈显著的负相关关系（$P<0.05$）。土壤pH与吡咯、吡咯/苯酚比呈显著的正相关关系（$P<0.05$）。真菌、G-细菌、G+细菌、细菌、总PLFAs均与吡咯/苯酚比呈显著的正相关关系（图3.1，$P<0.05$）。

土壤基本属性、微生物群落及SOM化学组成对土壤碳含量的冗余分析（RDA）结果表明，第1主成分轴和第2主成分轴分别能够解释全土及颗粒态组分碳含量的73.05%和20.58%（图3.2）。测定的涵盖土壤属性、微生物群落及SOM化学组成的因子共有23个，通过蒙特卡洛检验预选后确定了11个与土壤碳含量变异显著相关的生物和非生物因子，再进行最后的模型分析。这些因子指标包括G-细菌、苯/甲苯比、DOC、G+细菌、TDN、细菌、吡咯、乙酸、NH_4^+-N、甲苯和苯酚（$P<0.1$）（图3.2）。

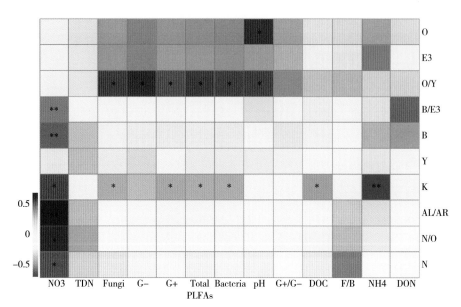

图3.1 土壤基本属性、化学组成和微生物群落之间的相关性分析

注：O，吡咯；E3，甲苯；O/Y，吡咯/苯酚比；B/E3，苯/甲苯比；B，苯；Y，苯酚；K，乙酸；AL/AR，脂肪族（乙酸+糠醛）/芳香族（苯+甲苯+吡咯+苯酚）比；N/O，糠醛/吡咯比；N，糠醛；NO3，硝态氮；TDN，总可溶性氮；Fungi，真菌；G-，革兰氏阴性细菌；G+，革兰氏阳性细菌；Total PLFAs，总PLFAs；Bacteria，细菌；DOC，可溶性有机碳；NH4，铵态氮；DON，可溶性有机氮；*表示$P<0.05$；**表示$P<0.01$。

方差分解（VPA）结果表明，本研究所调查的3类生境因子（土壤理化性质、微生物群落和SOM化学结构）的总叠加效应可解释土壤碳含量变异的99.5%。3类因子分别解释了碳含量变异的39%、35%和37%（图3.3a~c），表明三者对碳含量的贡献相当。另外，3类因子之间的交互作用可解释碳含量的变异的33%（图3.3g）。土壤理化性质和微生物群落两类因子之间的交互作用对碳含量变异的解释率较低，仅占3%（图3.3d），而土壤理化性质和SOM化学结构之间以及微生物群落和SOM化学结构之间的交互作用对碳含量变异无显著影响（图3.3f，e）。

逐步回归分析表明（表3.3），影响全土和不同颗粒组分碳含量的主控因子不同。具体而言，TDN和乙酸是影响总SOC含量的主要因子；CoarsePOC含量的主控因子为腐殖化系数苯/甲苯；FinePOC含量主要受苯、苯酚及G-细菌的影响；而MAOC含量的主控因子为TDN和G+细菌。

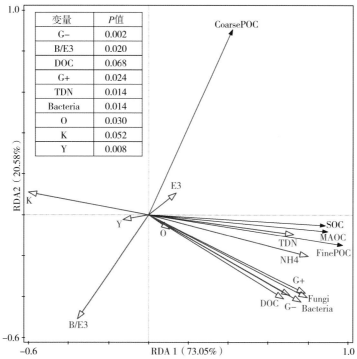

图3.2 土壤理化性质、微生物群落及SOM化学组成对土壤碳含量影响的冗余分析

注：G-，革兰氏阴性菌；B/E3，苯/甲苯比；DOC，可溶性有机碳；G+，革兰氏阳性细菌；Bacteria，细菌；O，吡咯；K，乙酸；Y，苯酚；E3，甲苯；Fungi，真菌；CoarsePOC，粗颗粒态有机碳；FinePOC，细颗粒态有机碳；MAOC，矿质结合态有机碳；SOC，土壤有机碳；NH4，铵态氮。

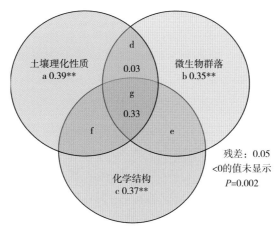

图3.3 方差分解分析土壤理化性质、微生物群落及SOM化学结构对土壤碳含量变化的单独效应（a、b、c）和共同效应（d、e、f、g）

注：**表示两有影响因子的相互作用极显著影响土壤碳含量。

表3.3　土壤碳含量与土壤测定因子的逐步回归分析

因变量	回归方程	决定系数（R^2）	P值
SOC	$F_{SOC}=5.99+139.50TDN-9.64K$	0.83	<0.001
CoarsePOC	$F_{CoarsePOC}=-23.11-191.08B/E3$	0.33	0.014
FinePOC	$F_{FinePOC}=0.85-8.34B+31.81Y+106.14G+$	0.83	<0.001
MAOC	$F_{MAOC}=16.72+82.55TDN+23.57G+$	0.65	0.001

注：SOC，土壤有机碳；CoarsePOC，粗颗粒态有机碳；FinePOC，细颗粒态有机碳；MAOC，矿质结合态有机碳；TDN，总可溶性氮；K，乙酸；B/E3，苯/甲苯比；B，苯；Y，苯酚；G+，革兰氏阳性细菌。

3.3.2　氮素形态和剂量对寒温带针叶林土壤微生物群落的影响

（1）土壤基本属性　对照处理有机层土壤SOC、TN、NH_4^+-N及DOC均显著高于0~10 cm矿质层（表3.4）。对于有机层而言，与对照相比，施氮处理显著改变总有机碳、TN、NH_4^+-N、NO_3^--N及DOC含量（表3.4，$P<0.05$），取决于施氮剂量和施氮形态。施加NH_4^+-N和NH_4NO_3显著降低总有机碳，且低剂量影响更为显著（$P<0.001$）。低、中剂量NH_4^+-N添加显著降低TN含量（$P<0.001$）。土壤NH_4^+-N的积累效应较NO_3^--N更加显著。施加高剂量的NH_4NO_3显著增加土壤NH_4^+-N含量（$P=0.004$）。高剂量KNO_3和NH_4NO_3处理显著增加土壤NO_3^--N含量（$P=0.003$）。施加高剂量的NH_4Cl显著增加土壤DOC含量，而低剂量NO_3^--N添加显著降低其含量（$P=0.004$）。对于矿质层而言，只有高剂量NH_4NO_3处理显著增加总有机碳含量和C/N比（$P=0.006$，$P=0.04$），而高剂量KNO_3处理显著增加土壤NH_4^+-N和NO_3^--N含量（$P=0.04$，$P<0.001$）。

（2）土壤微生物生物量　采用配对样本T检验方法对有机层和矿质层不同微生物生物量（PLFAs）进行比较，发现土壤有机层微生物总PLFAs、真菌PLFAs和丛枝菌根真菌PLFAs显著高于矿质层（$P<0.05$）。与对照相比，各施氮处理不改变有机层和0~10 cm矿质层土壤微生物总PLFAs、细菌PLFAs和真菌PLFAs，但显著改变微生物群落结构（表3.5）。而且，施氮形态而非施氮剂量显著影响土壤微生物群落结构，施加高剂量的NH_4Cl显著增加有机层和矿质层真菌/细菌比（F/B）（$P=0.02$，$P=0.1$），而施加KNO_3和NH_4NO_3对微生物群落结构无显著影响（图3.4）。

第 3 章
氮素形态和剂量对土壤微生物群落的影响

表3.4 不同试验处理下寒温带针叶林土壤基本属性

土壤深度	处理	总有机碳 (g·kg⁻¹)	总氮 (g·kg⁻¹)	C/N比	铵态氮 (mg·kg⁻¹)	硝态氮 (mg·kg⁻¹)	可溶性有机碳 (mg·kg⁻¹)	pH
有机层	CK	310.6 (18.5) ab	13.6 (0.8) abc	23.0 (1.2)	430.5 (46) bcd	3.0 (0.6) c	2 538.7 (290.1) b	5.8 (0.1)
	A10	142.1 (45.3) e	8.1 (2.6) d	17.9 (2.3)	371.8 (51.2) bcd	4.0 (2.7) bc	2 211.8 (478.1) bc	5.8 (0.1)
	A20	184.9 (14.3) de	8.8 (0.6) d	21.0 (0.3)	170.0 (68.9) d	1.2 (0.6) c	2 407.5 (737.8) b	5.7 (0.1)
	A40	222.5 (21.5) cd	10.0 (0.4) cd	22.3 (2.0)	199.7 (66.6) d	3.3 (1.9) c	855.2 (8.5) c	5.7 (0.1)
	N10	366.6 (18.4) ab	17.4 (0.7) a	21.2 (1.0)	253.0 (27.6) cd	1.4 (0.5) c	4 363.5 (424.4) a	5.8 (0.1)
	N20	367.0 (27.9) ab	16.2 (1.4) a	22.8 (0.3)	363.6 (72.0) bcd	2.0 (0.7) c	3 088.5 (454.5) ab	5.9 (0.1)
	N40	393.0 (3.9) a	16.9 (0.4) a	23.3 (0.8)	501.4 (52.2) abc	9.9 (2.2) a	2 903.2 (548.4) ab	5.9 (0.1)
	AN10	296.4 (28.4) bc	14.2 (1.2) ab	20.9 (1.1)	578 (107.9) ab	2.2 (0.3) c	3 242.3 (627.0) ab	5.9 (0.1)
	AN20	226.5 (12.9) cd	11.3 (1.7) bcd	20.8 (2.7)	521.4 (154.5) abc	3.4 (0.1) c	3 361.7 (410.5) ab	6.0 (0.1)
	AN40	351.4 (21.9) ab	16.2 (0.4) a	21.7 (1.4)	760.6 (188.4) a	7.8 (2.4) ab	3 585.9 (399.1) ab	5.8 (0.1)
	P值	<0.001	<0.001	0.470	0.004	0.003	0.004	0.510

（续表）

土壤深度	处理	总有机碳 (g·kg^{-1})	总氮 (g·kg^{-1})	C/N比	铵态氮 (mg·kg^{-1})	硝态氮 (mg·kg^{-1})	可溶性有机碳 (mg·kg^{-1})	pH
0~10 cm 矿质层	CK	80.3 (11.3) bc	5.0 (0.1)	16.7 (0.7) b	9.9 (1.4) b	1.3 (0.2) b	231.6 (18.0) ab	5.6 (0.1)
	A10	70.4 (29.4) bc	4.7 (2.2)	15.3 (1.3) b	7.5 (2.2) b	2.7 (1.6) b	184.3 (18.7) b	5.8 (0.1)
	A20	54.4 (22.7) c	3.2 (1.3)	16.8 (0.7) b	9.2 (4.0) b	1.2 (0.3) b	156.4 (31.9) b	5.6 (0.1)
	A40	30.8 (4.7) c	1.9 (0.3)	16.3 (0.3) b	9.3 (0.4) b	1.2 (0.2) b	171.7 (5.2) b	5.6 (0.1)
	N10	150.5 (31.9) ab	7.9 (2.8)	21.0 (3.3) b	9.1 (1.0) b	7.8 (5.7) b	245.8 (24.7) ab	5.6 (0.1)
	N20	105.7 (29.5) bc	5.3 (1.4)	19.8 (0.8) b	11.9 (3.0) b	1.7 (0.5) b	239.6 (14.4) ab	5.6 (0.1)
	N40	113.7 (13.2) bc	5.2 (0.5)	21.7 (0.4) b	23.1 (7.1) a	16.8 (4.7) a	307.5 (27.2) ab	5.7 (0.1)
	AN10	78.9 (29.5) bc	5.4 (2.3)	15.4 (1.0) b	8.0 (1.2) b	1.7 (0.8) b	241.8 (22.8) ab	5.7 (0.1)
	AN20	48.1 (11.8) c	2.8 (0.8)	17.6 (0.6) b	9.8 (1.5) b	1.7 (0.9) b	240.1 (52.1) ab	5.6 (0.1)
	AN40	210.5 (69.3) a	6.9 (2.6)	35.0 (13.0) a	13.8 (1.8) b	1.8 (0.5) b	365.9 (136.1) a	5.7 (0.1)
	P值	0.006	0.420	0.040	0.040	<0.001	0.100	0.850

注：表中数值表示为均值（标准误）；同列不同小写字母表示不同试验处理间差异显著（$P<0.05$）。

表3.5 不同试验处理下寒温带针叶林土壤PLFAs类型和含量　　　单位：nmol·g^{-1}

土壤深度	处理	G+	G-	Bacteria	Fungi	AMF	Total PLFAs	G+/G-	F/B
有机层	CK	7.5(1.0)	5.6(0.6)	13.2(1.6)	3.9(0.4)	1.5(0.2)	24.8(2.8)	1.3(0.1)	0.3(0.1)b
	A10	8.7(2.8)	6.0(2.1)	14.8(5.0)	4.1(0.9)	1.4(0.5)	27.1(8.5)	1.5(0.1)	0.3(0.1)b
	A20	9.4(1.1)	6.3(0.4)	15.9(1.6)	6.0(0.5)	1.6(0.2)	30.6(1.6)	1.5(0.1)	0.4(0.1)ab
	A40	7.7(1.6)	5.4(0.8)	13.2(2.5)	5.7(0.6)	1.3(0.2)	27.1(3.8)	1.4(0.1)	0.5(0.1)a
	N10	8.3(1.5)	5.6(0.9)	14.1(2.4)	4.1(0.6)	1.6(0.1)	25.9(4.2)	1.5(0.1)	0.3(0.1)b
	N20	9.0(3.7)	7.4(2.1)	16.6(5.9)	4.6(1.2)	2.0(0.8)	30.5(9.7)	1.1(0.2)	0.3(0.1)b
	N40	9.2(2.7)	6.7(1.4)	16.0(4.2)	5.7(1.6)	1.9(0.4)	30.8(6.9)	1.3(0.1)	0.3(0.1)b
	AN10	7.6(2.0)	5.9(1.7)	13.6(3.8)	4.0(1.0)	1.7(0.4)	25.5(6.5)	1.3(0.1)	0.3(0.1)b
	AN20	7.5(1.4)	6.2(1.4)	13.8(2.8)	3.2(0.6)	1.7(0.3)	25.5(4.1)	1.2(0.1)	0.3(0.1)b
	AN40	8.1(0.9)	6.1(0.7)	14.4(1.6)	5.6(0.7)	1.8(0.1)	28.2(3.2)	1.3(0.1)	0.4(0.1)ab
	P值	0.99	0.99	0.99	0.23	0.94	0.99	0.37	0.02
0~10cm矿质层	CK	8.1(1.0)	5.8(0.7)	13.9(1.8)	2.7(0.2)	1.2(0.2)	23.8(2.7)	1.4(0.1)	0.2(0.0)b
	A10	6.0(0.7)	4.1(0.8)	10.1(1.4)	2.5(0.5)	0.8(0.1)	18.1(2.6)	1.5(0.2)	0.3(0.0)ab
	A20	6.3(0.9)	4.6(0.4)	10.8(1.3)	3.2(0.4)	0.9(0.1)	19.7(2.0)	1.4(0.1)	0.3(0.0)ab
	A40	7.8(1.9)	5.2(0.9)	13.1(2.8)	4.1(0.9)	1.2(0.3)	24.2(4.9)	1.5(0.2)	0.4(0.0)a
	N10	6.3(0.6)	4.5(0.9)	10.8(1.4)	2.6(0.3)	0.9(0.1)	19.1(2.3)	1.4(0.2)	0.2(0.0)b
	N20	11.3(2.7)	7.9(1.3)	19.4(3.9)	3.8(1.6)	1.7(0.4)	33.5(6.0)	1.4(0.2)	0.3(0.0)ab
	N40	6.7(0.4)	5.0(0.6)	11.7(1.0)	2.4(0.2)	1.0(0.1)	20.0(1.5)	1.3(0.1)	0.2(0.0)b
	AN10	8.4(2.2)	5.7(1.1)	14.2(3.3)	3.5(1.2)	1.2(0.2)	25.0(6.2)	1.5(0.2)	0.2(0.0)b
	AN20	5.3(0.6)	4.3(0.8)	9.6(1.5)	2.7(0.8)	0.9(0.2)	17.9(3.4)	1.3(0.1)	0.3(0.0)ab
	AN40	4.8(1.9)	3.5(1.4)	8.4(3.3)	2.3(1.1)	0.8(0.3)	15.7(5.9)	1.3(0.1)	0.2(0.0)b
	P值	0.25	0.23	0.22	0.71	0.31	0.24	0.98	0.10

注：G+，革兰氏阳性细菌；G-，革兰氏阴性细菌；Bacteria，细菌；Fungi，真菌；AMF，丛枝菌根真菌；Total PLFAs，总PLFAs；G+/G-，革兰氏阳性细菌/革兰氏阴性细菌比；F/B，真菌/细菌比；括号内数字为标准差；同列不同小写字母表示不同试验处理间差异显著（$P<0.05$）。

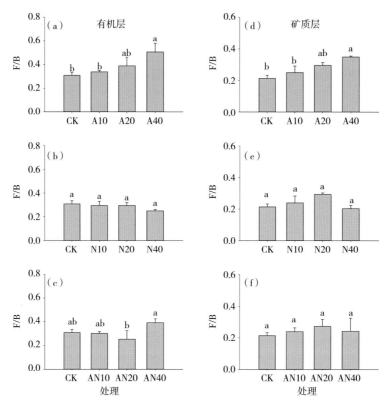

图3.4　不同试验处理下寒温带针叶林土壤有机层和矿质层微生物群落结构

注：F/B，细菌/真菌比；不同小写字母表示不同试验处理间差异显著（$P<0.05$）。

（3）土壤碳含量与土壤属性、SOM化学组成及微生物群落的关系　对不同施氮处理土壤理化属性、微生物群落及SOM化学组成和土壤碳含量进行冗余分析（RDA），评价氮素富集条件下环境因子对全土和密度组分碳含量变化的相对贡献（图3.5）。结果表明，不同的施氮形态处理影响土壤碳含量变化的主控因子有所不同。NO_3^--N处理下，第1主成分和第2主成分分别解释了全土及两个组分碳含量变异的94.9%和3.8%；通过蒙特卡洛检验预选后显著影响碳含量的因子包括苯酚、甲苯、乙酸、NO_3^--N、DOC和C/N比（图3.5a）。而NH_4^+-N处理下第1主成分、第2主成分分别解释碳含量变异的81.7%和15.5%，主要影响因素为总氮、苯、NH_4^+-N、吡咯、DOC和吡咯/苯酚比（图3.5b）。

Pearson相关分析表明，KNO_3处理下有机层和矿质层土壤碳含量的变化量分别与两层土壤NO_3^--N含量呈显著的正相关关系（$P<0.05$）。矿质层土壤

碳含量的变化量与甲苯正相关（$P<0.01$），而与苯酚负相关（$P<0.01$）。同时，矿质层土壤NO_3^--N含量的变化量与轻组乙酸的变化量呈显著的正相关关系（$P<0.01$）（表3.6）。在施加NH_4Cl处理下，矿质层碳含量和重组碳含量的变化量分别与全土苯、重组吡咯/苯酚负相关（$P<0.05$）。此外，矿质层F/B与DOC负相关（$P<0.01$）（表3.7）。

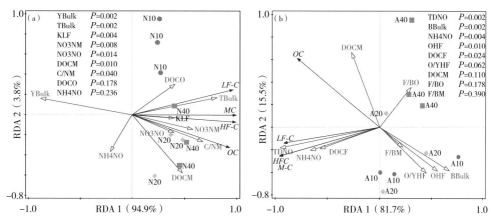

图3.5 不同氮素形态条件下土壤理化性质、微生物群落及SOM化学组成对土壤碳含量的冗余分析

注：YBulk，全土苯酚；TBulk，全土甲苯；KLF，轻组乙酸；NO3NM，矿质层硝态氮；NO3NO，有机层硝态氮；DOCM，矿质层可溶性有机碳；C/NM，矿质层C/N比；DOCO，有机层可溶性有机碳；NH4NO，有机层铵态氮；TDNO，有机层总可溶性氮；BBulk，全土苯；OHF，重组吡咯；O/YHF，重组吡咯/苯酚比；F/BO，有机层真菌/细菌比；F/BM，矿质层真菌/细菌比；LF-C，轻组碳；HF-C，重组碳；OC，有机层碳；MC，矿质层碳。

表3.6 KNO_3处理下土壤属性、化合物组成和碳含量的相关性分析

变量	OC	MC	HF-C	LF-C	YBulk	TBulk	KLF	DOCM
NO3NO	0.57*							
NO3NM		0.54*			−0.51*		0.90**	0.54*
C/NM		0.83**	0.64**		−0.70**	0.63**		
DOCM		0.56*	0.66**		−0.54*			
KLF				0.56*				
TBulk		0.84**						
YBulk		−0.81**						

（续表）

变量	OC	MC	HF-C	LF-C	YBulk	TBulk	KLF	DOCM
LF-C		0.75**						
CHF-C		0.94**						

注：OC，有机层碳；MC，矿质层碳；LF-C，轻组碳；HF-C，重组碳；YBulk，全土苯酚；TBulk，全土甲苯；KLF，轻组乙酸；DOCM，矿质层可溶性有机碳；NO3NO，有机层硝态氮；NO3NM，矿质层硝态氮；C/NM，矿质层C/N比；*表示$P<0.05$，**表示$P<0.01$。

表3.7　NH_4Cl处理下土壤属性、化合物组成和碳含量的相关性分析

变量	OC	MC	HF-C	BBulk	F/BM	DOCM	NH4NO
TNO	0.65**					0.51*	0.67**
NH4NO						0.65**	
DOCM					−0.66**		
F/BM							
OHF			−0.47*	0.69**			
O/YHF			−0.55*				
BBulk		−0.55*					
LF-C		0.88**					
HF-C		0.99**					

注：OC，有机层碳；MC，矿质层碳；HF-C，重组碳；BBulk，全土苯；F/BM，矿质层真菌/细菌比；DOCM，矿质层可溶性有机碳；NH4NO，有机层铵态氮；TNO，有机层总氮；OHF，重组吡咯；O/YHF，重组吡咯/苯酚比；LF-C，轻组碳；*表示$P<0.05$，**表示$P<0.01$。

3.3.3　氮素富集条件下亚热带人工林和寒温带针叶林土壤微生物群落差异

（1）土壤基本属性差异　将寒温带针叶林和亚热带人工林0～10 cm矿质表层土壤基本属性进行比较，发现寒温带针叶林土壤TN、TDN、DOC及pH均显著高于南方亚热带人工林（图3.6）。当施氮剂量为40 kg·hm^{-2}·a^{-1}时，施氮没有显著改变亚热带人工林土壤基本属性；相反，施加同等剂量的NO_3^--N显著增加寒温带针叶林土壤TDN、NH_4^+-N、NO_3^--N和DOC含量（图3.6）。

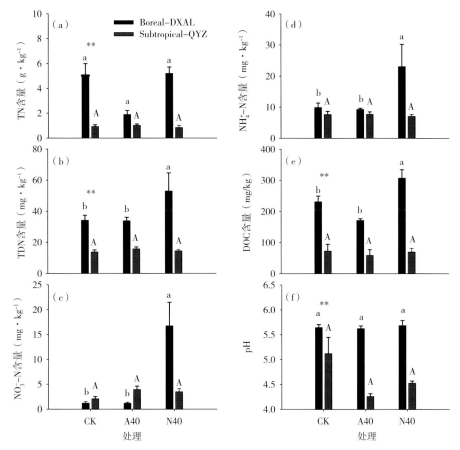

图3.6 不同试验处理下亚热带人工林和寒温带针叶林表层土壤属性

注：TN，总氮；TDN，总可溶性氮；NO_3^--N，硝态氮；NH_4^+-N，铵态氮；DOC，可溶性有机碳；Boreal-DXAL，寒温带针叶林；Subtropical-QYZ，亚热带人工林；不同小写字母表示寒温带针叶林土壤属性不同试验处理间差异显著（$P<0.05$）；不同大写字母表示亚热带人工林土壤属性不同试验处理间差异显著（$P<0.05$）；星号（*、**）表示对照样方两个森林之间的差异显著，*表示$P<0.05$；**表示$P<0.01$。

（2）土壤微生物群落差异 采用主成分分析（PCA）研究亚热带人工林和寒温带针叶林土壤微生物群落的差异，第1主成分和第2主成分可分别解释总变异的64.7%和30.7%（图3.7）。第2主成分将两个森林明显区分开，表明亚热带人工林土壤中的真菌、细菌和G-细菌PLFAs含量高于寒温带针叶林，并且真菌/细菌比（F/B）更高。而寒温带针叶林土壤总PLFAs、G+细菌PLFAs含量高于亚热带人工林，且G+/G-更高。

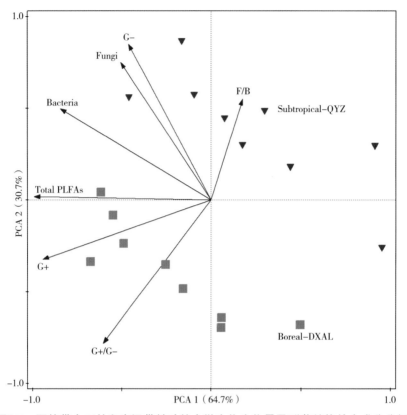

图3.7 亚热带人工林和寒温带针叶林中微生物生物量及群落结构的主成分分析

注：Total PLFAs，总PLFAs；Bacteria，细菌；Fungi，真菌；G+，革兰氏阳性细菌；G-，革兰氏阴性细菌；F/B，真菌/细菌比；G+/G-，革兰氏阳性细菌/革兰氏阴性细菌比；Boreal-DXAL，寒温带针叶林；Subtropical-QYZ，亚热带人工林。

（3）影响亚热带人工林和寒温带针叶林土壤碳含量的环境因子　对于亚热带人工林和寒温带针叶林土壤碳含量及各类环境因子进行冗余分析（RDA），通过蒙特卡洛检验预选出显著影响碳含量的因子（图3.8），PDA1和RDA2（19个因子）对土壤总碳、总氮及C/N比变化的贡献率分别为98.9%和1.0%。其中，土壤DOC、O/Y、G+/G-、苯/甲苯比、DON、TDN、苯、吡咯、G+细菌、pH、NH_4^+-N、AL/AR、NO_3^--N与土壤碳含量呈显著的正相关关系；而苯酚、乙酸、F/B、N/O、糠醛、甲苯与土壤碳含量呈显著的负相关关系。此外，影响碳含量的主导环境因子在第1主轴上明显分开，亚热带人工林主要受F/B、甲苯、乙酸、AL/AR 4个因子的影响，而寒温带针叶林受其他变量支配。

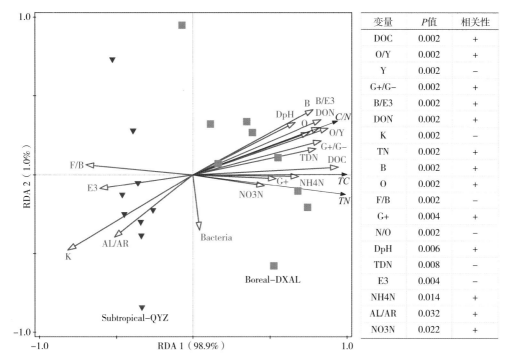

图3.8 亚热带人工林和寒温带针叶林土壤理化性质、微生物群落及SOM化学组成对碳含量的冗余分析

注：DOC，可溶性有机碳；O/Y，吡咯/苯酚；Y，苯酚；G+/G-，革兰氏阳性细菌/革兰氏阴性细菌比；B/E3，苯/甲苯比；DON，可溶性有机氮；K，乙酸；TN，总氮；B，苯；O，吡咯；F/B，真菌/细菌比；G+，革兰氏阳性细菌；N/O，糠醛/吡咯比；DpH，；TDN，总可溶性氮；E3，甲苯；NH4N，铵态氮；AL/AR，脂肪族（乙酸+糠醛）/芳香族（苯+甲苯+吡咯+苯酚）；NO3N，硝态氮；Bacteria，细菌；G+，革兰氏阳性细菌；TC，总碳；TN，总氮；C/N，C/N比；Boreal-DXAL，寒温带针叶林；Subtropical-QYZ，亚热带人工林。

3.4 讨论

3.4.1 施氮对亚热带人工林土壤碳含量影响的微生物学机制

高剂量氮添加（120 kg·hm^{-2}·a^{-1}）导致亚热带人工林土壤NO_3^--N含量显著累积，并引起土壤酸化。土壤NO_3^--N浓度取决于产生（自养硝化和异养硝化）和消耗［硝酸根异化还原成铵（DNRA）］之间的平衡（Gao et al.，

2016a）。基于^{15}N示踪试验，Zhang和Wang（2012）和Gao等（2016a）报道，低剂量氮输入降低亚热带酸性森林土壤自养硝化速率，DNRA速率也随着施氮剂量的增加而降低。因此，长期高剂量氮添加会导致土壤中积累更多的NO_3^--N。氮素富集条件下，Li等（2015）提出，土壤酸化受多个过程驱动，包括土壤硝化作用、植物对NH_4^+的偏好吸收、NO_3^-和盐基离子淋失等。植物根系吸收NH_4^+时会将H^+释放到土壤溶液中以维持电荷平衡，从而加剧土壤酸化；与之相反，根系吸收NO_3^-可缓解土壤酸化，因为更多的OH^-被释放于土壤溶液中（Tang et al.，1999）。此外，氮素富集加速土壤硝化也是土壤酸化的重要原因，因为NH_4^+或NH_3氧化成NO_3^-会产生大量H^+（Lu et al.，2014）。其他研究也发现，氮添加引起亚热带人工林土壤NO_3^-累积和酸化加剧（Zhao et al.，2016；Zhang et al.，2017）。此外，NO_3^-淋失导致碱性阳离子（如Ca^{2+}、Mg^{2+}）淋失增加，减弱了土壤酸碱中和能力，也会加剧土壤酸化（Lu et al.，2014）。

氮沉降对土壤微生物量的影响取决于研究区域自然特征、施氮剂量、施氮形态及持续时间（Treseder，2008）。本研究中，施氮不改变亚热带人工林土壤总PLFAs含量及真菌、细菌生物量（表3.2），这与Bell等（2010）研究结果一致，他们发现氮添加不影响0～10 cm矿质层土壤总微生物量及真菌、细菌的PLFAs。一方面是由于施氮时间较短或样地异质性较大导致的；另一方面，该地区亚热带马尾松林土壤N/P比较高（4.4∶1），氮磷养分失衡不利于微生物活动（Liu et al.，2016b）。同时，氮沉降加速土壤酸化，pH下降导致更多的有效磷被固定在难降解的有机质上，土壤微生物更加受磷限制，而对氮添加响应不敏感（Zhao and Wu，2014）。

土壤属性、微生物PLFAs含量及SOM化学组成之间的相关性分析表明，微生物群落与SOM的累积及稳定性关系密切（Cheng et al.，2018）。具体而言，土壤微生物生物量与DOC含量呈显著正相关关系，表明在一定程度上微生物种群丰度取决于活性碳含量（Cheng et al.，2018）。同时，微生物活性也会影响活性化合物的相对丰度。我们发现除G-细菌外，其余PLFAs均与糠醛呈显著负相关关系，这表明微生物生物量增加会加速碳水化合物的分解（Deforest et al.，2004），进而造成糠醛的减少，反之亦然。我们的结果还显示，各PLFAs均与吡咯/苯酚比呈显著的正相关关系，且土壤pH与吡咯、吡咯/

苯酚比显著正相关（图3.1）。吡咯/苯酚比是微生物细胞源含氮化合物与植物源木质素类化合物的比值，可用来表征矿化程度。其关系可解释为如果土壤酸化加剧，微生物生物量会降低，吡咯含量随之减少，矿化能力也会随之减弱（Ceccanti et al.，2007）。此外，NO_3^--N与热解化合物显著相关。NO_3^--N与活性化合物（糠醛、乙酸）及其比值（糠醛/吡咯比、脂肪族/芳香族）呈正相关，而与惰性化合物（苯）及比值（苯/甲苯比）呈负相关。这些化合物的含量取决于其输入和输出之间的平衡。一方面，NO_3^--N刺激植物和微生物生长而增加其输入（Huang et al.，2011）；另一方面，NO_3^--N也能抑制微生物活性，间接地影响凋落物的分解，降低其输出（Freedman and Zak，2014）。

逐步回归分析表明，影响全土和不同颗粒态组分碳含量的主控因子不同。具体而言，TDN和乙酸是影响总SOC含量的主要因子；CoarsePOC含量的主控因子为腐殖化系数（苯/甲苯比）；FinePOC含量主要受苯、苯酚及G+细菌的影响；而MAOC含量的主控因子为TDN和G-细菌。在同一研究区内，Dong等（2015）测定了土壤微生物的生物化学转化及代谢活性，发现G+细菌与3种水解酶活性（βG、NAG和AP）密切相关，暗示着该类细菌是介导碳氮磷循环极其重要的微生物群落。

3.4.2 施氮对寒温带针叶林土壤碳含量影响的微生物学机制

土壤NH_4^+-N含量取决于氮的矿化、硝化、植物吸收、微生物固持、SOM及矿物质吸附等多个过程的平衡（方华军等，2007）。本研究发现，施氮形态和剂量显著改变土壤NH_4^+-N含量，且土壤NH_4^+-N的积累效应较NO_3^--N更加显著（表3.4）。总体上，施氮倾向于导致有机层NH_4^+-N累积，但是只有施加NH_4^+-N（NH_4Cl和NH_4NO_3）矿质表层土壤NH_4^+-N累积显著，暗示着施氮引起的有机氮矿化大于NH_4^+消耗，这与许多贫氮的寒温带针叶林、温带森林的研究结果相似（胡艳玲等，2009；Gao et al.，2013）。本研究模拟氮沉降输入采用地表喷洒方式，一部分外源性NH_4^+首先被凋落物层有机质吸附；另外，大兴安岭地区植物和微生物均是喜铵的，植物优先利用NH_4^+-N（Xu et al.，2014a）。Sheng等（2014）运用^{15}N示踪试验，研究外源性氮素在森林中的运移规律，发现寒温带针叶林中（$^{15}NH_4$）$_2SO_4$吸收速率明显高于$K^{15}NO_3$。在长时间尺度上，植物是氮素竞争的优势者（Kuzyakov and Xu，2013），植物对NH_4^+的选择性吸收也可能导致低氮处理矿质层土壤NH_4^+-N无明显累积；当施加的NH_4^+以及矿化的NH_4^+超过土壤物理化学和生物的固持容量，多余的NH_4^+才能在矿质层发生累积。土壤NO_3^--N含量是土壤硝化、植物吸收、反硝化及液态淋溶等多个过程的净效应。施加KNO_3和NH_4NO_3直接增加土壤NO_3^--N含量，施加NH_4^+-N刺激硝化细菌活性，进而增加土壤NO_3^--N含量。氮沉降对土壤DOC动态的影响取决于微生物分解和腐殖化过程（Fang et al.，2014a）。可用两种机制来解释DOC对氮沉降增加的响应格局：①无机氮添加抑制降解木质素白腐菌活性，导致水溶性软腐产物的增加（Sinsabaugh et al.，2005）；②微生物进行氮固持，对碳的需求增加，进而导致土壤DOC减少（Hagedorn et al.，2012）。

研究结果表明，寒温带针叶林土壤微生物群落生物量对不同施氮形态的响应不同。施加NH_4^+-N显著增加土壤有机层和矿质层真菌/细菌比，而施加NO_3^--N对微生物群落生物量无影响（图3.4）。Deforest等（2004）也报道NO_3^-添加（30 kg·hm^{-2}·a^{-1}）对温带森林土壤微生物群落无影响。之前多数研究报道氮素富集条件下微生物群落结构组成倾向于从真菌主导转变为细菌主导（F/B下降）（Demoling et al.，2008；Turlapati et al.，2013）。然而，我们的研究却发现NH_4^+-N富集条件下F/B显著增加。多数研究表明土壤微生物群落对土壤养分有效性和pH极其敏感（He D et al.，2016；Nottingham et al.，2018）。然而，由于本研究土壤pH没有发生显著变化，可能不是影响细菌和真菌生物量的关键因素，也可能是NH_4^+-N输入加剧了微生物的磷限制导致的（Luo et al.，2017）。此外，结果发现F/B与DOC呈负相关（表3.6），表明DOC的产生主要来源于细菌而非真菌（Møller et al.，1999）。因此可以得出，寒温带针叶林土壤微生物群落对NO_3^--N的响应较NH_4^+-N更加敏感。

施加NO_3^--N，矿质层中乙酸的累积与NO_3^--N含量显著正相关（表3.6），暗示着NO_3^--N富集情景下较低的微生物活性导致活性碳矿化减慢（Marinari et al.，2007；Andreetta et al.，2013），研究结果与寒温带针叶林植物纤维素分解速率减慢的结果一致（Deforest et al.，2004）。同时，甲苯的累积对应于C/N比的增加（表3.6），暗示着施加NO_3^--N导致寒温带针叶林生态系统有机碳代谢下降（Marinari et al.，2007）。乙酸、甲苯和苯酚均与土壤矿质层碳含量显著相关（图3.5a），表明施加NO_3^--N会降低有机质矿化和分解速率，进一步影响有机质活性化合物的相对丰度，促进寒温带针叶林土壤碳的累积。

施加NH_4^+-N，重组吡咯/苯酚比与该组分的碳含量呈显著负相关关系（表3.7），表明有机质的矿化程度越高对应的碳含量越低，主要受微生物降解过程的影响（Marinari et al.，2007）。类似地，Currey等（2010）也报道连续4 a施加NH_4^+-N显著增加有机质的矿化程度，土壤微生物群落结构由细菌支配转向真菌主导，受土壤pH的调控。然而，本研究中，土壤微生物生物量、群落结构与SOM化学组成之间相关性不显著，可能的原因是对微生物群落与有机质化学组成之间相互作用的响应时间尺度不同（Grandy et al.，2007）。因此，未来的研究重点需关注有机质化学组成与土壤微生物酶以及特定分解菌群落丰度之间的关系。

3.4.3 亚热带人工林和寒温带针叶林土壤碳动态的微生物介导机制分析

对比对照样方寒温带针叶林和亚热带人工林0～10 cm土壤基本属性发现，寒温带针叶林TN、TDN、DOC和pH均显著高于亚热带人工林，但是亚热带人工林土壤有效氮含量高于寒温带针叶林（图3.6）。大兴安岭寒温带针叶林土壤类型为棕色针叶林土，质地较粗，砾石、砂粒、粉粒和黏粒含量分别为11.16%、51.76%、27.55%和9.53%（Fang et al.，2010），NO_3^--N垂直淋溶明显，难以在表层积累。另外，寒温带针叶林土壤含水量较高，冻融过程强烈，反硝化氮素损失明显。Fang等（2014b）也报道，寒温带针叶林土壤DOC含量显著高于亚热带人工林，表明高纬度森林具有更高的土壤DOC产生/消耗比。亚热带人工林土壤酸性更强归因于该区域降水多、温度高和分解更快，土壤阳离子交换和流失明显（Zhang et al.，2018）。此外，亚热带砖红壤富含铁铝氧化物（Townsend and Reeds，1971），硅酸盐和氧化物中Al溶解为Al^{3+}，伴随着H^+释放到土壤环境中，导致土壤pH降低（Tang et al.，2018）。

同等剂量的氮输入对两个森林土壤基本属性的影响各异，总体上寒温带针叶林更加敏感。土壤属性对氮输入的响应取决于施氮剂量和持续时间（方华军等，2015）。寒温带针叶林施氮时间在采样时已有6 a，而亚热带人工林为4 a。此外，两个森林土壤氮素的初始状况不同，寒温带针叶林为氮限制，亚热带人工林为氮富集。当施氮剂量为40 kg·hm^{-2}·a^{-1}时，对寒温带针叶林而言为高剂量，而对亚热带人工林而言为低剂量，因此，同等剂量条件下对两个森林土壤属性的影响不同。

主成分分析结果表明，亚热带人工林和寒温带针叶林土壤微生物量和群落结构差异明显，主要表现为亚热带人工林土壤中真菌、G-细菌含量和F/B高于寒温带针叶林。而总微生物量、G+细菌含量和G+/G-低于寒温带针叶林。两种森林土壤总微生物量的差异原因如下：在氮素有效性较低的寒温带针叶林中，更多的光合产物被分配到地下用于支持微生物的生长（Fang et al.，2014b）。此外，亚热带人工林土壤酸性强，抑制了土壤微生物群落的碳素有效性（Grayston et al.，2004），进而减慢凋落物分解速率并抑制微生物生长（Ultra et al.，2013）。总体上，土壤细菌是简单碳水化合物、有机酸和氨基酸的主要分解者，而真菌是惰性化合物的主要分解者（Myers et al.，2001）。两种森林土壤微生物资源利用策略不同，寒温带针叶林为K策略型，亚热带人工林为r策略型（Fierer et al.，2007）。亚热带人工林凋落物含有更高比例的惰性化合物（Liu et al.，2012）；而且真菌具有厚且相互连接的肽聚糖细胞壁，比细菌更好地适应高H^+环境（Rousk et al.，2010）。因此，与寒温带针叶林相比，亚热带人工林土壤酸性更强，土壤真菌含量及F/B更高。寒温带针叶林微生物更易受生理胁迫，比如季节干旱、低温及低氮有效性均会减少土壤呼吸的底物碳，增加底物碳向微生物生物量转化（Wei et al.，2011）。

冗余分析结果表明，影响亚热带人工林和寒温带针叶林土壤碳含量变异的主控因子涵盖了土壤基本属性、微生物群落以及SOM化学组成。微生物群落与底物质量之间的关系是动态的，在有机质分解初期，高比例高质量底物倾向于产生较低的F/B（Hu et al.，2017）。本研究发现，亚热带人工林土壤中F/B、甲苯、乙酸、AL/AR 4个主控因子均与碳含量负相关，真菌生物量与高质量的底物正相关。Hu等（2017）也发现，真菌生物量与相对高质量的碳组分正相关，对碳损失的贡献最大。主要是因为在产生降解木质素、纤维素的酶方面，真菌比细菌更具有竞争力（Bray et al.，2012）。在裸子植物凋落物分解过程中，首先由白腐菌分解纤维素和木质素，其次由褐腐菌分解多糖组分（Preston et al.，2012）。因此，后续研究需要加强对特定微生物群落组成的研究，如利用^{13}C标记PLFA技术研究真菌和细菌中特定物种与不同活性化合物之间的关系，进而量化不同森林类型和气候条件下微生物群落、SOM化学组成对土壤碳含量的相对贡献。

3.5 本章小结

本章探讨了在氮素富集条件下影响亚热带人工林和寒温带针叶林SOM转化的生物化学机制。研究发现，施氮4 a引起亚热带人工林土壤NO_3^--N累积，土壤酸化加剧。微生物生物量和群落结构对施氮的响应不敏感，但与SOM中活性化合物的关系密切，G+细菌是影响亚热带人工林土壤碳含量最重要的微生物种群。寒温带针叶林土壤基本属性和微生物群落对不同施氮形态响应迥异，施加铵态氮肥显著改变微生物的群落结构（由细菌向真菌转变），抑制DOC产生。而施加硝态氮肥降低了SOM的矿化过程，有利于SOC的截存。总地来说，在氮素富集条件下，亚热带人工林和寒温带针叶林SOC的截存/损耗与SOC库分配、微生物活性及SOM的化学稳定性有关，取决于矿化—腐殖化这一周转过程。

第4章 有机氮添加对温带森林土壤有机碳及微生物群落的影响

陆地生态系统碳、氮循环过程紧密耦合在一起，分别反映了能量和养分的流动（Thornton et al.，2009）。由于陆地生态系统生产力主要受氮素的限制，大气氮沉降输入会增加生态系统氮的可利用性，进而改变生态系统碳、氮的转化速率（Lebauer and Treseder，2008）。1860—2005年，人类活动导致大气氮沉降增加了11.5倍（Galloway et al.，2008）。我国是全球活性氮最大的产生国和排放国，1980—2010年，我国的大气氮沉降增加了60%，平均为21.1 $kg \cdot hm^{-2} \cdot a^{-1}$（Liu et al.，2013）。大气氮沉降升高会增加、降低或者不改变植物和土壤碳储量（Liu and Greaver，2010；Lu et al.，2011；Chen H et al.，2015）。

森林是陆地生态系统的主要类型，有机碳储量占陆地生态系统碳储量的2/3，其中81%的有机碳储存在土壤中（Lal，2005）。施氮对森林SOC储量的影响有正有负，长期缓慢的大气氮沉降输入通过改变SOC的输入和输出以及SOM的稳定性，来影响土壤碳截存（C sequestration）。氮素富集条件下，受氮限制的森林SOC储量在很大程度上取决于地上、地下植物残体碳的输入与含碳气体排放、液态淋溶之间的平衡。土壤氮素有效性的增加会导致土壤微生物活性和SOM可分解性的变化。一般而言，低剂量施氮倾向于促进贫氮森林的植物生长和凋落物归还（Hyvonen et al.，2008；Thomas et al.，2010），增加根系自养呼吸（Kou et al.，2015）和土壤微生物活性（Wang et al.，2015）；但是，长期高剂量施氮会显著抑制富氮森林土壤微生物活性和异养呼吸（Burton et al.，2004；DeForest et al.，2004；Lu et al.，2011）。此外，氮添加倾向于增加高C/N比的SOM分解,相反会抑制低C/N比的SOM分解(Smith et al., 2014)。因此,氮输入对土壤碳动态的差异性影响可能归因于森林对不同沉降氮形态响应的差异,也可能反映了特定森林土壤碳储量对土壤氮基质响应的多阶段性。氮素富集条件下土壤碳储量增加可能存在一个阈值,超过该阈值土壤碳储量不变甚至会降低。

土壤团聚体通过形成复杂的土壤结构和限制微生物的接触来促进SOM的积累和稳定(Bossuyt et al., 2005),是SOM的重要保护机制。土壤团聚体(>53 μm)通常较粉黏粒(<53 μm)储存更多易分解的有机碳,而且微生物一般难以利用土壤团聚体内包裹的有机碳(Pregitzer et al., 2008)。对不同森林生态系统而言,氮沉降增加会促进(Fang et al., 2014a)、抑制(Zhong et al., 2017)或不改变(Balesdent et al., 2000)SOC含量以及SOM的化学稳定性。此外,不同的微生物种群选择性地利用不同来源的有机碳(Zhong et al., 2017)。因此,土壤易分解碳含量的增加有利于土壤团聚体的形成,相应地会增加SOC的积累和稳定性(Geng et al., 2017)。虽然科学家们已经认识到土壤碳库的数量、质量与微生物活性之间关系密切,但是鲜有研究揭示氮素富集条件下微生物丰度、群落组成与SOC动态之间的耦联关系。

本章以东北贫氮的温带针阔混交林为研究对象,探讨氮素富集下SOC积累的生物学机制。基于长期的尿素添加控制试验,笔者前期研究表明,低氮添加($20\ kg\cdot hm^{-2}\cdot a^{-1}$)显著促进而高氮添加($120\ kg\cdot hm^{-2}\cdot a^{-1}$)显著抑制土壤$CO_2$排放和$CH_4$吸收,表明土壤碳循环对施氮剂量的响应呈非线性(Bossuyt et al., 2005);此外,施氮剂量为$60\ kg\cdot hm^{-2}\cdot a^{-1}$时会显著促进土壤$NO_3^--N$的积累,增加土壤含水量,有利于细菌而非真菌分解(Wang et al., 2012)。在长白山温带针阔混交林区,一些研究结果表明,低剂量施氮($<20\ kg\cdot hm^{-2}\cdot a^{-1}$)会增加叶凋落物的数量,而中、高剂量氮添加($50\ kg\cdot hm^{-2}\cdot a^{-1}$)显著降低根系生物量(Zhu et al., 2015)。基于此,笔者假设:总SOC和活性SOC组分含量对外源性氮添加剂量的响应呈非线性,存在一个氮沉降临界负荷。低氮添加通过增加植物残体的输入来增加土壤碳含量,当施氮剂量超出其临界负荷,高氮输入会改变土壤微生物丰度和群落组成,进而会降低SOC含量。本章的研究目标:①基于多剂量尿素添加控制试验,研究有机氮添加对原状土壤和不同组分SOC含量、微生物丰度和群落组成的影响;

②明确导致温带针阔混交林土壤碳、氮含量发生显著变化的氮沉降临界负荷；
③探索SOC含量变化与土壤微生物丰度之间的潜在联系。

4.1 材料与方法

4.1.1 研究区概况与试验设计

研究区位于中国科学院长白山森林生态系统研究站，森林类型为林龄约200 a的阔叶红松林。研究站位于长白山北坡国家自然保护区内，隶属于吉林省安图县二道白河镇（128°28′E，42°24′N）。研究区属于典型的温带大陆性气候，年均温3.6℃，多年平均降水量745 mm，海拔736 m。土壤为发育于火山灰母质上的暗棕壤，0~20 cm表层土壤属性如下：土壤容重为0.53 g·cm^{-3}，总碳为156.6 g·kg^{-1}，总氮为7.17 g·kg^{-1}，总磷为0.97 g·kg^{-1}，pH为5.85，C/N比为21.84（Cheng et al.，2010）。

2013年，采用完全随机的方式构建了多剂量的尿素添加控制试验，以评估生态系统碳、氮过程和碳平衡对有机氮沉降增加的非线性响应。参照长白山实际大气氮沉降速率（10.8 kg·hm^{-2}·a^{-1}）（Zhu et al.，2015）和全国最高氮沉降水平（99 kg·hm^{-2}·a^{-1}）（He et al.，2007），设置了对照（CK，0 kg·hm^{-2}·a^{-1}）、低氮（LN，40 kg·hm^{-2}·a^{-1}）、中氮（MN，80 kg·hm^{-2}·a^{-1}）、高氮（HN，120 kg·hm^{-2}·a^{-1}）4个施氮剂量，每个处理4次重复，样方规格为15 m×15 m，相邻样方至少间隔10 m。在每个月的第1天，将固体尿素（分析纯，氮浓度为46%）称重并溶解在40 L水中，然后均匀地喷洒到对应的样方中，对照样方喷洒等体积的水，模拟未来大气有机氮沉降增加对温带针阔混交林生态系统碳、氮循环关键过程的影响。

4.1.2 土壤SOC物理分组和碳含量测定

对于每个试验样方，移除地表凋落物层，采集0~10 cm矿质层土壤，同层土壤5钻混合。将土壤样品分别进行溶解性有机碳（DOC）、SOC粒径分组和水稳性团聚体分离。DOC测定步骤简述如下：将过2 mm筛的新鲜土壤加入去离子水［土/水为1∶10（W/V）］，室温下振荡2 h后，利用0.45 μm玻璃纤维滤膜过滤，浸提液利用TOC分析仪（Liqui TOC Ⅱ，Elementar，Germany）测定DOC的浓度。

使用Cambardella和Elliott（1992）介绍的方法进行SOC粒径分级。简言之，将50 g风干土和100 mL 1%六偏磷酸钠溶液混合于200 mL塑料瓶中，在回旋式振荡器上以200 r·min^{-1}的速度振荡15 h，利用套筛回收粗颗粒态有机碳（CoarsePOC，>250 μm）和细颗粒态有机碳（FinePOC，53～250 μm），POC等于CoarsePOC和FinePOC之和。通过过滤、蒸发回收矿质结合态有机碳（MAOC，<53 μm）组分。将分离得到的各组分在60℃下烘干、称重。

相同的土样利用团聚体分析仪（Model SAA 8052，Shanghai，China）湿筛法分离水稳性团聚体。将30 g土样置于250 μm和53 μm的套筛上，先在去离子水中浸泡5 min，然后以每分钟30次的频率上下振荡，振幅为3 cm，持续30 min。依次收集大团聚体（>250 μm）、微团聚体（53～250 μm）和粉黏粒（<53 μm），各组分在60℃下烘干、称重。所有分离的颗粒态组分研磨过0.149 mm筛，利用元素分析仪（Vario EL Ⅲ，Elementar，Germany）测定各组分碳浓度，再根据各组分的质量百分比计算出各组分的碳含量（g·kg^{-1}）。

4.1.3　土壤微生物相对丰度与群落结构的测定

土壤微生物相对丰度与群落结构采用磷脂脂肪酸法测定，主要包括浸提、分馏和定量等过程（Bossio and Scow，1998）。首先，称取相当于8 g干土重的新鲜土样，利用提取液（CH_3OH：$CHCl_3$：磷酸缓冲液＝2∶1∶0.8）反复浸提，随后将浸提液、12 mL三氯甲烷和12 mL磷酸缓冲液均倒入分液漏斗中，避光静置过夜。第2天萃取分离分液漏斗下层的目标液体，将获取的磷脂脂肪酸进行甲基化处理，氮气吹干并排空氧气后封存于-80℃冰箱待测。利用气相色谱结合MIDI系统（Microbial ID. Inc.，Newark，DE）测定各个磷脂脂肪酸的相对含量，所用的参比是C20标准样品。

磷脂脂肪酸常用的命名格式为：$X∶YωZ$（c/t），其中，X为总碳数，后面跟一个冒号；Y表示双键数；ω表示甲基末端；Z是距离甲基端的距离；c表示顺式，t表示反式；a和i分别表示支链的反异构和异构；10Me表示一个甲基团在距分子末端第10个碳原子上；环丙烷脂肪酸用cy表示。用于指示细菌（B）群落相对量的PLFAs包括i15∶0，a15∶0，15∶0，i16∶0，16∶1 ω5，16∶1ω9，i17∶0，17∶0，18∶1ω7，a17∶0，cy17∶0，cy19∶0（Frostegård et al.，1993；Frostegård and Bååth，1996）。用于指示真菌

（F）群落相对量的PLFAs包括18：2ω6c、18：3ω6c和18：3ω3c（Frostegård and Bååth，1996）。指示革兰氏阳性（G+）细菌的PLFAs包括i15：0、a15：0、i16：0、a17：0和i17：0，而指示革兰氏阴性（G-）细菌的PLFAs包括16：1ω7c、cy17：0和cy19：0。好氧细菌（A）PLFAs采用16：1ω7和18：1ω7表示，厌氧细菌（AN）PLFAs采用cy17：0和cy19：0表示。放线菌PLFAs主要包括含侧链甲基的脂肪酸，如10Me18：0、10Me16：0、10Me17：0和16Me18：0；原生动物PLFAs主要包括20：3ω6和20：4ω6（Frostegård et al.，1993；Frostegård and Bååth，1996）。此外，G+/G-、F/B以及A/AN用于反映微生物群落结构的变化。

4.1.4　土壤分析与测试

利用2 mol·L^{-1} KCl溶液浸提新鲜土壤来测定NH_4^+-N、NO_3^--N和总可溶性氮（TDN），利用差减法计算溶解性有机氮（DON）。准确称取15 g左右的鲜土放入150 mL的塑料瓶中，加入100 mL 2 mol·L^{-1} KCl溶液浸提，在回旋式振荡器上振荡1h后用定量滤纸过滤，滤液用流动化学分析仪（AA3，SEAL，Germany）测定NH_4^+-N、NO_3^--N浓度。DON等于TDN与总无机氮（NH_4^+-N和NO_3^--N）之差。利用标准pH计（Mettler Toledo，Switzerland）测定土壤pH（土：水=1：2）。利用碳氮元素分析仪（Vario EL Ⅲ，Elementar，Germany）干法燃烧测定原状土壤总碳（TC）和总氮（TN）含量，由于土壤中无机碳含量极低，所以TC近似等于SOC。土壤质量含水量采用烘干法测定，在105℃烘干24 h至恒重。

4.1.5　数据处理

利用单因素方差分析评估施氮剂量对土壤基本理化性质、土壤团聚体百分比、不同粒径SOC含量和微生物PLFAs的影响，利用Tukey真正显著差法（Honestly significant difference，HSD）检验不同处理均值之间的差异。利用线性回归分析方法评估SOC含量变化量（ΔSOC）与SOC各组分含量变化量（$ΔSOC_i$）之间的关系（Hoerl and Kennard，2000）。此外，利用Spearman等级相关分析方法研究SOC、SOC组分和微生物PLFAs丰度之间的相关关系。所有统计分析基于SPSS 16.0进行，显著性水平设置为$P=0.05$。

4.2 结果与分析

4.2.1 施氮对土壤溶解性氮、含水量与pH的影响

对于0～10 cm矿质层土壤而言，3 a施氮显著增加了土壤NO_3^--N、DON和TN的含量，但是土壤NH_4^+-N含量累积不显著（图4.1a～d）。土壤NO_3^--N含量随着施氮剂量的增加而增加，不同施氮剂量导致土壤NO_3^--N含量增加了36.5%～65.5%（图4.1a）。不同施氮剂量处理下土壤NH_4^+-N含量平均值为18.16～27.34 mg·kg^{-1}（图4.1b）。土壤DON含量也随着施氮剂量的增加而增加，不同施氮剂量处理导致土壤DON含量增加了57.0%～78.1%（图4.1c）。除高氮处理外，低氮和中氮处理显著增加了土壤TN含量，增幅分别为30.0%和37.3%（图4.1d）。此外，施氮未显著改变土壤含水量（图4.1e），但倾向于降低土壤pH，高氮处理下土壤酸化明显（图4.1f）。

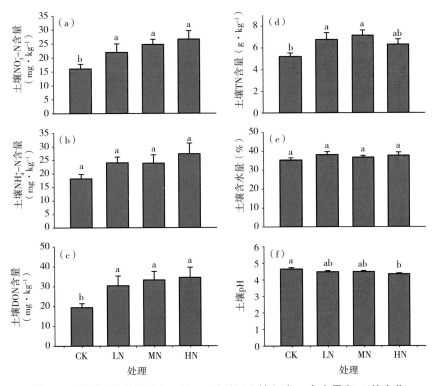

图4.1 不同试验处理下0～10 cm矿质层土壤氮素、含水量和pH的变化

注：NO_3^--N，硝态氮；NH_4^+-N，铵态氮；DON，可溶性有机氮；TN，总氮；柱上不同小写字母表示不同试验处理间差异显著（$P<0.05$）。

4.2.2 施氮对土壤SOC含量及其组成的影响

对照处理下，0~10 cm矿质层土壤SOC和DOC含量分别为78.8 g·kg^{-1}和672.1 mg·kg^{-1}；施氮3 a倾向于增加表层土壤SOC和DOC含量，但是不同施氮处理与对照之间的差异均不显著（图4.2a~b）。对照处理下，粗颗粒态有机碳（CoarsePOC）、细颗粒态有机碳（FinePOC）、矿质结合态有机碳（MAOC）含量依次为20.18 g·kg^{-1}、8.94 g·kg^{-1}和56.27 g·kg^{-1}，分别占总SOC含量的23.63%、10.47%和65.90%，SOC以MAOC为主（图4.2c~e）。土壤粗、细颗粒态有机碳含量随着施氮剂量的增加先增加后减少，中氮处理分别使土壤粗、细颗粒态有机碳含量显著增加了96.26%和84.69%，氮沉降临界负荷为80 kg·hm^{-2}·a^{-1}（图4.2c~d）。不同试验处理下表层土壤MAOC含量差异不显著（图4.2e）。

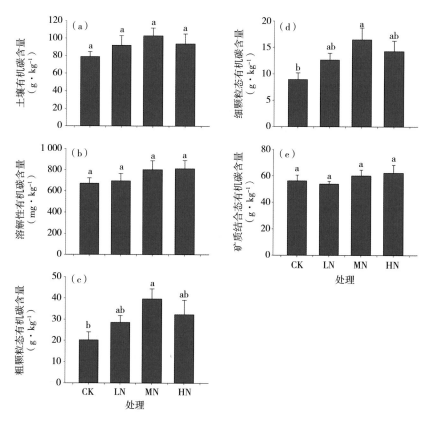

图4.2 不同试验处理下0~10 cm矿质层SOC和不同组分含量的差异

注：柱上不同小写字母表示不同试验处理间差异显著（$P<0.05$）。

4.2.3 施氮对土壤团聚体比例及其结合态有机碳含量的影响

对照处理土壤大团聚体、微团聚体和粉黏粒比例相当，3个组分的百分比依次为33.41%、30.66%和35.93%（图4.3a~c）。与对照相比，施氮3 a倾向于增加表层土壤大团聚体（>250 μm）和微团聚体（53~250 μm）的比例，但是只有中氮、高氮处理土壤微团聚体比例增加显著，增幅分别为8.45%和9.13%（图4.3b）。相反，施氮倾向于降低粉黏粒的比例，中氮、高氮处理导致土壤粉黏粒的比例分别减少了19.57%和21.34%（图4.3c）。施氮3 a倾向于增加大团聚体和微团聚体结合态有机碳（MacroAOC和MicroAOC）含量，MacroAOC增幅为37.25%~42.76%，MicroAOC增幅为27.45%~43.99%；但对粉黏粒结合态有机碳（Silt+clayAOC）含量无影响（图4.3d~f）。此外，氮素富集条件下，土壤MacroAOC和MicroAOC含量增幅随着施氮剂量的增加先增加后减少，临界氮沉降负荷也为80 kg·hm^{-2}·a^{-1}（图4.3d~f）。

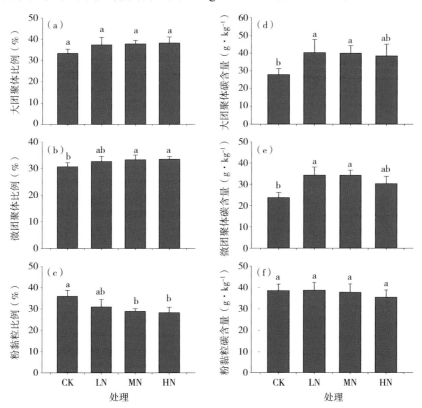

图4.3 不同试验处理下0~10 cm矿质层土壤团聚体百分比及其结合态有机碳含量的差异

注：柱上不同小写字母表示不同试验处理间差异显著（P<0.05）。

4.2.4 施氮对土壤微生物丰度和群落结构的影响

除好氧细菌PLFAs相对丰度外，施氮3 a未显著改变土壤微生物总PLFAs和单个种群PLFAs的相对丰度（图4.4a～i），高氮处理导致好氧细菌PLFA相对丰度显著降低17.55%（图4.4h）。此外，施氮显著改变土壤微生物群落结构。随着施氮剂量的增加，真菌与细菌的比值（F/B）和G+细菌与G-细菌比值（G+/G-）倾向于增加，而好氧细菌与厌氧细菌的比值（A/AN）倾向于下降（图4.4j～l）。

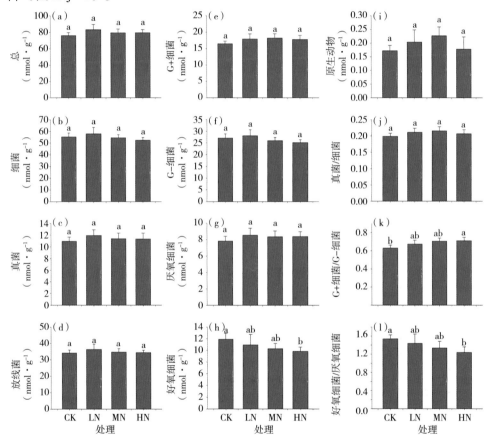

图4.4 不同试验处理下0～10 cm矿质层土壤微生物PLFAs相对丰度和群落结构的变化

注：柱上不同小写字母表示不同试验处理间差异显著（$P<0.05$）。

4.2.5 土壤SOC变化和SOC组分变化之间的关系

氮素富集条件下，SOC含量变化量（ΔSOC）与大团聚体、微团聚体结合态有机碳含量变化量（ΔMacroAOC和ΔMicroAOC）之间呈显著的正相关关系，两者分别解释其变异的88%和78%（图4.5a~b）。相似地，氮素富集条件下，ΔSOC与粗颗粒态有机碳、细颗粒态有机碳含量变化量（ΔCoarsePOC和ΔFinePOC）之间呈显著的正相关关系，两者分别解释其变异的49%和55%（图4.5a~b）。然而，ΔSOC与粉黏粒结合态有机碳、矿质结合态有机碳含量变化量（ΔSilt+clayAOC和ΔMAOC）之间相关性不显著。研究结果表明，氮素富集条件下短期内SOC含量的变化主要体现在活性SOC组分而非惰性SOC组分。

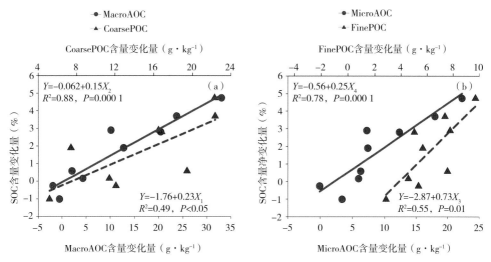

图4.5 SOC含量变化量与SOC不同组分含量变化量之间的关系

注：CoarsePOC，粗颗粒态有机碳；FinePOC，细颗粒态有机碳；MacroAOC，大团聚体结合态有机碳；MicroAOC，微团聚体结合态有机碳；SOC，土壤有机碳。

4.2.6 团聚体比例、SOC与微生物群落之间的相关关系

大团聚体比例与细菌、G+细菌、厌氧细菌、真菌相对丰度以及真菌/细菌比（F/B）显著正相关，与好氧细菌/厌氧细菌比（A/AN）显著负相关，而粉黏粒比例恰好相反；微团聚体比例只与G+/G-负相关（表4.1）。粗、细颗粒态有机碳含量只与厌氧微生物丰度正相关，细颗粒态有机碳与A/AN负相关，矿质结合态有机碳与微生物种群相对丰度、群落结构相关性不显著（表4.1）。

表4.1 团聚体比例、颗粒态有机碳含量与微生物种群相对丰度及群落结构之间的相关关系

指标	微生物种群相对丰度						微生物群落结构		
	细菌	革兰氏阳性细菌	革兰氏阴性细菌	厌氧细菌	好氧细菌	真菌	真菌/细菌比	革兰氏阳性细菌/革兰氏阴性细菌比	好氧细菌/厌氧细菌比
大团聚体比例	0.21*	0.30**	0.18	0.32**	0.044	0.32**	0.22*	0.10	−0.25*
微团聚体比例	−0.046	−0.15	−0.016	0.039	−0.046	−0.10	−0.048	−0.22*	−0.075
粉黏粒比例	−0.16	−0.18	−0.15	−0.31**	−0.010	−0.23*	−0.18	0.034	0.26**
粗颗粒态有机碳	0.20	0.21	0.21	0.29*	0.070	0.22	0.13	−0.068	−0.22
细颗粒态有机碳	0.12	0.18	0.14	0.27*	−0.029	0.19	0.19	−0.001	−0.25*
矿质结合态有机碳	−0.22	−0.23	−0.18	−0.18	−0.12	−0.19	−0.15	−0.20	0.078

注：*和**分别表示$P<0.05$和$P<0.01$。

4.3 讨论

4.3.1 施氮对温带针阔混交林土壤碳、氮累积的影响

尿素添加倾向于增加长白山温带针阔混交林土壤TN、NO_3^--N和DON含量，导致土壤氮累积的大气氮沉降临界负荷约为40 kg·hm^{-2}·a^{-1}。在相同的研究样地，Xu等（2009）报道，无论添加何种形态的氮肥［NH_4Cl、$(NH_4)_2SO_4$和KNO_3］，当施氮剂量为45 kg·hm^{-2}·a^{-1}时，土壤溶液中NH_4^+-N，NO_3^--N和DON含量显著增加。可见，两项研究中导致土壤有效氮含量发生累积的氮沉降临界负荷具有可比性。由于尿素首先在土壤中水解成NH_3，因此，尿素和铵态氮肥添加对土壤可溶性氮含量的影响效果相似。在土壤NH_4^+-N丰富的寒温带针叶林中，相对于NO_3^-植物更偏向于吸收NH_4^+，因为前者在被生物同化之前需要消耗更多的能量将NO_3^-转化为NH_4^+（Kuzyakov and Xu，2013）。此外，在氮素富集条件下，温带森林土壤NO_3^--N总产生量（自养和异养硝化）高于NO_3^--N总消耗量［微生物NO_3^-固持和硝酸盐异化还原为铵（DNRA）］，而NH_4^+-N总产生量（有机氮矿化和DNRA）低于NH_4^+-N总消耗量（微生物NH_4^+-N固持和自

养硝化）（Gao et al.，2016b）。上述两个过程共同决定了土壤NO_3^--N累积要显著高于NH_4^+-N累积。

本研究中，由于没有测定每个样方的土壤容重，因此，评估的是土壤碳含量而不是土壤碳储量。连续3 a施氮未显著增加0～10 cm矿质层土壤总SOC、DOC和MAOC含量，但是显著促进了同层土壤粗、细颗粒态有机碳的累积。研究结果表明，施氮促进了来源于植物碎屑的易分解碳组分的累积，这与氮输入促进植物生长以及凋落物归还的结论相一致（Wei et al.，2014）。CoarsePOC和FinePOC对氮添加剂量的响应呈现先增加后减少的趋势，证实了我们的假设，即来自植物残体碎屑的活性SOC组分对外源性氮添加剂量的响应呈现非线性。由于不同试验处理土壤颗粒态有机质所占比例平均低于25%，因此，大气氮沉降输入对东北地区温带针阔混交林土壤碳截存的影响可能较小。基于全球增氮控制试验数据的集成（Meta）分析，无论是否将农田生态系统考虑在内，氮沉降/施氮不会显著增加矿质层土壤SOC的储量（Yu et al.，2012）。氮素富集条件下，地上植物碳库增加会对土壤碳库产生正的激发效应（Wang et al.，2015），并大幅减少地下植物碳分配，这可能导致矿质层SOC没有发生明显累积。在长白山温带针阔混交林区，Wang等（2012）报道，施氮（50 kg·hm^{-2}·a^{-1}）显著降低了0～20 cm细根生物量，并且增加了细根生产量和周转速率，表明高氮输入加速了地下的碳循环过程。

粉黏粒组分比例减少与大团聚体、微团聚体组分比例增加是相对应的（图4.3a～c），相应地，本研究发现土壤大团聚体和微团聚体结合态有机碳含量显著增加（图4.3d～e）。上述研究结果表明，活性SOC组分累积会促进土壤从粉黏粒向土壤团聚体的转变，这与许多施氮试验结果一致。在氮素富集条件下，团聚体结合态有机碳含量的变化量可以解释SOC含量变化的80%（图4.5a～b），表明新形成的、半分解的SOC主要累积在大团聚体和微团聚体中，而长白山温带针阔混交老龄林土壤与粉黏粒相结合的SOC可能达到其饱和能力，惰性碳增加潜力有限（Six et al.，2002）。相似地，一些研究表明，施加无机氮肥增加大团聚体、微团聚体结合态有机碳含量，尤其是大团聚体中有机碳累积显著（Tripathi et al.，2008）；大部分来源于植物残体的有机碳更倾向于固定在微团聚体中（Li et al.，2006）。在氮素富集条件下，土壤碳截存的潜在机制如下：易分解有机碳含量增加可能会减少土壤孔隙的连通性，增加土壤的持水能力，进而减少土壤中氧气的有效扩散系数，反过来会降低土壤空气中的氧气浓度，促进厌氧微生境的形成（Six et al.，2002）。

4.3.2 氮素富集条件下SOC累积的微生物学机制

施氮对温带针阔混交林土壤微生物生物量的影响不尽相同，有促进、抑制或无显著影响。除研究区的环境条件和土壤特性外，SOM似乎控制着土壤微生物生物量的变化。在本研究中，土壤活性有机碳含量（颗粒态有机碳和团聚体结合态有机碳）以及总PLFAs对施氮剂量的响应一致（图4.2～图4.4），研究结果一定程度上证实了我们的假设，表明土壤微生物相对丰度主要取决于活性有机碳而非总SOC的数量。然而，在氮素富集条件下活性有机碳含量所占比例较小，其数量的小幅度增加可能难以支持微生物的大量生长（Tisdall，1991）。同样，高剂量的氮输入短期内就可以改变长白山温带针阔混交林土壤部分微生物种群的相对丰度和群落结构。

真菌PLFAs的相对丰度、F/B对施氮剂量的响应与SOC、团聚体结合态有机碳含量一致（图4.3，图4.4），反映了真菌在稳定土壤团聚体方面起着至关重要的作用。真菌菌丝将土壤颗粒胶结在一起，形成稳定的团聚体，有助于增加水分渗透和土壤的持水能力（Peacock et al.，2001）。G+细菌生长依赖于相对活性的有机碳（Wixon and Belser，2013），然而由于活性有机碳数量比例较低，导致氮素富集条件下G+细菌PLFAs的相对丰度增加并不显著，但是G+/G-增幅明显。此外，大团聚体比例和活性有机碳组分（CoarsePOC和FinePOC）与厌氧细菌PLFAs呈显著的正相关关系，而与A/AN呈负相关关系，表明大团聚体的形成有利于厌氧微生境的形成（Wixon and Belser，2013）。由于好氧细菌较厌氧细菌更加有效地分解有机碳（Ding and Sun，2005），微生物群落组成的优势种群从好氧细菌向兼性或专性厌氧细菌的演变可能会改变长白山温带森林SOC的积累过程（Pregitzer et al.，2008）。然而，由于PLFA方法的局限性，本研究测定的微生物群落结构精度较粗，下一步研究应该基于DNA/RNA的聚合酶链扩增（PCR）和高通量测序，深入分析在氮素富集情景下土壤微生物群落的组成及其转变。

4.4 本章小结

本章基于长白山温带针阔混交林长期尿素添加控制试验，研究不同形态土壤碳、氮含量对施氮剂量的响应特征，同时探讨土壤碳累积的微生物学机制。研究结果表明，连续3 a施氮显著增加土壤NO_3^--N和总氮含量；虽然表层土壤SOC含量未发生显著变化，但活性碳组分（颗粒态有机碳和团聚体结合态有机碳）发生显著累积，引起土壤碳累积的大气氮沉降临界负荷为40 $kg·hm^{-2}·a^{-1}$。总体上施氮未改变土壤微生物的相对丰度，但显著改变了微生物群落结构，尤其是好氧细菌/厌氧细菌比下降。在氮素富集条件下，SOC组分的变化与土壤微生物群落结构的变化密切相关，暗示着施氮倾向于促进大团聚体的形成，产生厌氧微环境，进而促进土壤碳的累积。

第 5 章　氮磷富集对土壤有机质矿化和激发效应的影响

5.1　引言

全球SOC库储量超过3 300 Pg，是大气碳库的4倍以及植被碳库的5倍（German et al., 2011）。SOC库的很小变化将对大气CO_2浓度产生显著的影响（Heimann and Reichstein, 2008），因此，了解SOC的动态变化至关重要。来源于凋落物分解和根系分泌的活性有机碳（如葡萄糖）会通过激发效应刺激原有SOC的分解，进而影响SOC的储量（Wang et al., 2019）。土壤激发效应（Priming effect, PE）是指短期内凋落物输入引起原有有机碳分解发生变化的现象，即导致原有有机质分解增加（正激发）或降低（负激发），是SOC动态变化的重要驱动力（Kuzyakov et al., 2000）。基于全球尺度meta分析结果，发现根系分泌物、凋落物和动物残体输入引起SOM分解增加（正激发）3.8倍或降低（负激发）一半（Cheng et al., 2014），表明不同生态系统有机质输入产生的PE的方向和量级存在很大的不确定性。同时，正、负激发在时间和空间上可以转化且受多种因素影响，其动态过程十分复杂（Nguyen, 2003）。

在全球变化背景下，活性碳输入与养分添加交互引起PE的程度对土壤碳截存的影响也至关重要（Hartley et al., 2010）。目前关于养分添加对PE的影响主要集中于氮，且氮素有效性对PE强度的影响研究结果并不一致（Fontaine et al., 2004）。有研究表明，氮素富集会减少植物地下碳的分配，导致根系分泌物减少，PE减弱（Phillips et al., 2009）；也有研究表明，氮素有效性高的条件下PE增强（Rasmussen et al., 2007）。有关磷添加或氮磷交互对PE的影响研究报道得不多。基于野外长期氮磷添加控制试验平台，Nottingham等（2018）构建^{13}C标记葡萄糖培养试验，发现施磷促进巴拿马热带森林土壤活性碳的分解，而施氮效应相反，氮磷共同添加对活性碳矿化的促进作用更明显。相反，Huang等（2018）发现，单独添加氮/磷对云杉人工林土壤总碳含量的影响均不显著，施氮增加惰性碳含量，而施磷增加活性碳含量。其潜在原因：施氮增加了降解活性碳库的β-葡萄糖苷酶活性，而施磷增加了降解惰性碳库的过氧化氢酶活性。可见，虽然目前已经认识到养分可利用性会影响PE的强度和方向，但对其影响程度和潜在的机制仍然认识不足，限制了在未来气候变化情景下对森林土壤碳库如何响应养分有效性的预测。

本章主要研究目标：①基于长期（10 a）野外氮磷添加控制试验平台，结合室内短期（100 d）^{13}C标记葡萄糖添加试验，研究活性碳、氮磷输入及其交互作用对亚热带人工林土壤PE的影响；②利用^{13}C标记葡萄糖添加试验，探究活性碳输入及短期（5 a）氮磷添加对温带森林土壤PE的影响；③综合考虑亚热带人工林和温带针阔混交林气候、植被和土壤属性等因素，对比研究两个森林生态系统活性碳（葡萄糖）输入后PE方向和强度的差异，阐明PE对氮磷输入的响应特征。

5.2 材料与方法

5.2.1 鼎湖山亚热带人工林氮磷添加控制试验

鼎湖山森林生态系统定位研究站位于广东省肇庆市鼎湖山国家级自然保护区内（23°10′N，112°33′E，海拔250~300 m），该站点属于亚热带季风性湿润气候。年平均气温20.9℃，年均降水量1 956 mm，降水集中在4—9月，10月至翌年3月降水偏少，年平均蒸发量1 115 mm，年平均相对湿度82%。鼎湖山季风常绿阔叶林生态系统处于群落演替顶级阶段，是北回归线附近保存完好的南亚热带地带性植被。亚热带季风常绿阔叶林样地植被保存完好，立地年龄约为400 a。乔木层以锥栗（*Castanopsis chinensis*）、木荷（*Schima superba*）、云南银柴（*Aporosa yunnensis*）等为优势树种；林下灌木优势树种为光叶山黄皮（*Randia canthioides*）、柏拉木（*Blastus cochinchinensis*）、黄果厚壳桂（*Cryptocarya concinna*）；草本以沙皮蕨（*Hemigramma decurrins*）为主。该区域地带性土壤主要是来自砂岩的赤红壤，土层厚度40~90 cm。表层有机质含量29.4~42.7 g·kg^{-1}。

以鼎湖山国家级自然保护区季风常绿阔叶林生态系统为研究对象，进行氮磷添加及其交互作用控制试验。试验开始于2007年2月，采用完全随机试验设计，共20个大小为5 m×5 m的样方。处理包括：对照（CK）、单施氮肥（NH$_4$NO$_3$ 150 kg·hm^{-2}·a^{-1}，N$_{150}$）、单施磷肥（NaH$_2$PO$_4$ 150 kg·hm^{-2}·a^{-1}，P$_{150}$）、施加氮和磷（NH$_4$NO$_3$ 150 kg·hm^{-2}·a^{-1}、NaH$_2$PO$_4$ 150 kg·hm^{-2}·a^{-1}，NP$_{150}$）。每个处理5次重复（图5.1）。每个样方预留5 m距离作为缓冲带，以避免不同样方之间的互相影响。每隔2个月将NH$_4$NO$_3$和NaH$_2$PO$_4$溶于5 L水中并均匀喷洒到各个样方。对照样方中喷洒等量的水。

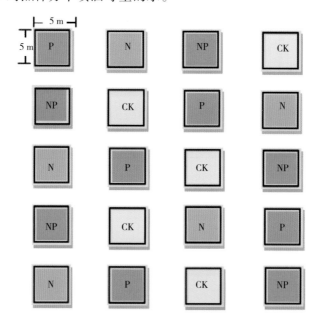

图5.1 亚热带季风常绿阔叶林氮磷添加控制试验样方示意图

注：N为单施氮肥处理；P为单施磷肥处理；NP为施加氮和磷处理；CK为对照。

5.2.2 长白山温带针阔混交林氮磷添加控制试验

中国科学院长白山森林生态系统定位研究站位于吉林省延边朝鲜族自治州安图县二道白河镇（42°24′N，128°6′E），海拔约为740 m。属于温带季风气候影响区，季节变化明显，春季干燥多风，夏季温和多雨。年平均气温3.6℃，年均降水量713 mm。研究区地势平缓，平均坡度小于4°。该区的植被具有典型的山地垂直地带性，基带的植被为阔叶红松林，林龄约200 a。阔叶红松林林分结构复杂，主要建群树种为红松（*Pinus koraiensis*）、紫椴（*Tilia amurensis*）、蒙古栎（*Quercus mongolica*）、水曲柳（*Fraxinus mandshurica*）和色木槭（*Acer pictum*）。采样点的优势树种平均树高26 m，冠下植被高度0.5～2 m。该林地土壤类型为山地暗棕壤，母质为火山灰砂砾，土层厚度为70～100 cm，pH约为4.6。表层有机碳100 g·kg^{-1}，总氮3 g·kg^{-1}，C/N比在20左右。

以长白山阔叶红松林为研究对象，采用随机区组设计，2013年5月建立了单施氮肥、单施磷肥、施加氮和磷以及土壤酸化4个因子处理控制试验（图5.2）。4个一级处理分别为对照、单施氮肥、单施磷肥和施加氮和磷，4个处理随机分配于每个区组的4个小区内，每个试验小区再分割为两个亚区，随机处理为加酸和不加酸处理。氮和磷年施加量都是10 g·m^{-2}·a^{-1}，使用的化肥分别为NH_4NO_3和NaH_2PO_4，每年分6次施加（5—10月）。酸年施加量为15 mL·m^{-2}·a^{-1} H_2SO_4（纯度为98%以上），施加时间与氮、磷添加一致。对于每次施肥，以每个小区为基本单位，把对应的化肥施加量（NH_4NO_3为714 g，NaH_2PO_4为1 256 g）或浓硫酸（375 mL）溶于75 L水中，搅匀后喷施。

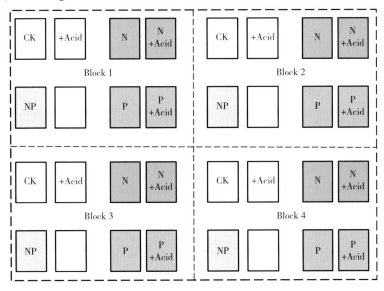

图5.2 温带针阔混交林氮磷添加控制试验样方示意图

注：CK为对照；+Acid为加酸处理；N为单施氮肥处理；P为单施磷肥处理；NP为施加氮和磷处理。

5.2.3 土壤基本属性测定

土壤总碳、总氮含量利用碳氮元素分析仪测定（Vario EL Ⅲ，Elementar，Germany）。土壤无机氮（NH_4^+-N、NO_3^--N）采用比色法测定。准确称取15 g左右的鲜土放入150 mL的塑料瓶中，加入100 mL 2 mol·L^{-1} KCl溶液浸提，在回旋式振荡器上振荡1 h，用定量滤纸过滤，滤液用流动化学分析仪（AA3，SEAL，Germany）测定TDN、NH_4^+-N、NO_3^--N浓度。可溶性有机氮（DON）等于总可溶性氮与总无机氮含量之差。同时，称取15 g新鲜土样，加入100 mL去离子水，振荡1 h，经0.45 μm滤膜抽滤，利用总有机碳分析仪测定滤液中的可溶性有机碳（DOC）浓度。另外，称取15 g新鲜土样，加入100 mL 0.2 mol·L^{-1} KCl溶液，振荡1 h，经滤纸过滤。土壤pH采用pH计（Mettler Toledo，Switzerland）测定，土∶水比为1∶2.5。

5.2.4 氮磷富集条件下底物输入对SOM的激发试验

分别采集鼎湖山和长白山对照及施加氮和磷处理的土壤样品开展激发效应培养试验。移除凋落物层后，采集0~10 cm矿质层土壤样品，风干过2 mm筛，在20℃、60%田间持水量的条件下培养7 d，以刺激微生物活性。培养试验共包括8个处理：对照（CK）、加氮（+N）、加磷（+P）、氮磷添加（+NP）、对照加葡萄糖（CK+G）、氮加葡萄糖（N+G）、磷加葡萄糖（P+G）和氮磷加葡萄糖（NP+G），鼎湖山每个处理5个重复，长白山每个处理4个重复。加入^{13}C标记葡萄糖的数量为SOC含量的0.5%。就每个处理而言，称取50 g土样于250 mL培养瓶内，预培养7 d后调整土壤含水量为田间持水量的70%。此外，将盛有5 mL 0.1 mol·L^{-1} NaOH溶液的小瓶放入每个培养瓶中，用于吸收释放的CO_2，然后密封广口瓶。同时，设置4个无土培养瓶，放入相同的NaOH溶液吸收小瓶，密封，作为空白对照。在培养后的第1、第3、第6、第12、第24、第42、第65、第84、第90天利用碱吸收法测定排放的CO_2，采用稳定性同位素质谱仪测定样品的$\delta^{13}C$值。

5.2.5 SOM矿化及PE测定

采用碱液吸收法测定总CO_2浓度。将盛有5 mL 1 mol·L^{-1} NaOH溶液的小瓶放入每个培养瓶（包括3个空白，即无土壤）以吸收CO_2，并在培养后的第1、第3、第6、第12、第24、第42、第60、第84、第90天，分别将盛有5 mL 1 mol·L⁻¹ NaOH溶液的小瓶取出，并立即用新碱液替换。所得碱液用0.15 mol·L⁻¹ HCl溶液滴定，SOC释放的总CO_2浓度通过有土、无土处理间CO_2的差值计算得出。CO_2中的$\delta^{13}C$采用以下方法测定。向滴定后剩余NaOH溶液中加入3 mL 1 mol·L⁻¹ $SrCl_2$溶液，使溶液中的碳酸盐全部转化为$SrCO_3$沉淀。并用去离子水将$SrCO_3$沉淀洗涤至中性，使空气对样品的污染降到最小。随后，将$SrCO_3$水溶液在60℃烘干，研磨后称取5 mg至锡杯中，采用元素分析仪-同位素比率质谱仪联机系统测定$\delta^{13}C$值。

在100 d培养期间，土壤中所测得的总CO_2分别来源于添加的标记葡萄糖以及原SOC。根据Phillips和Gregg（2001）、Phillips等（2005）提出的混合模型（http://www.epa.gov/wed/pages/models.htm）分别计算两个来源的CO_2。该模型考虑了质谱测定以及CO_2含量测定所产生的变异。

根据Phillips和Gregg（2001）的模型计算来源于葡萄糖的CO_2浓度及其标准差（SD），并通过Ku（1966）提出的公式计算累积CO_2的SD。

$$\sigma_{x+y} = \sqrt{(\sigma_x)^2 + (\sigma_y)^2} \quad (5-1)$$

其中，σ_{x+y}是总CO_2的SD，σ_x和σ_y分别是两个来源的CO_2的SD。

$$\sigma_{xy} = \bar{x} \cdot \bar{y} \cdot \sqrt{\frac{(\sigma_x)^2}{\bar{x}^2} + \frac{(\sigma_y)^2}{\bar{y}^2}} \quad (5-2)$$

其中，σ_{xy}是总CO_2的SD，σ_x和σ_y分别为CO_2通量和SOC组分的SD，$\bar{x}$和$\bar{y}$为它们各自的平均值。

葡萄糖添加引起的激发效应（PE，$\mu g \cdot g^{-1}$，干基）计算公式如下：

$$PE = C_{total} - C_{glucose} - C_{water} \quad (5-3)$$

其中，C_{total}是添加葡萄糖后土壤释放的总CO_2-C，$C_{glucose}$是来自添加葡萄糖的CO_2-C，而C_{water}是来自添加水的土壤释放的总CO_2-C。

5.2.6 土壤微生物生物量碳测定（氯仿熏蒸法）

分别取培养第3、第25、第65、第100天的土壤2份，各6 g，一份用30 mL 0.05 mol·L^{-1} K$_2$SO$_4$溶液浸提，另一份置于真空干燥器中用氯仿熏蒸24 h，然后用30 mL 0.05 mol·L^{-1} K$_2$SO$_4$溶液浸提。将溶解于K$_2$SO$_4$溶液的土壤样品放在振荡器内振荡抽提1 h，用0.45 μm的微孔滤膜过滤，收集滤液。用总有机碳分析仪（Multi N/C 3100，analytikjenaAG，Germany）测定熏蒸前后土壤总可溶性有机碳（TDOC）含量，计算出土壤微生物生物量碳。

5.2.7 统计分析

所有统计分析均使用SPSS 16.0（SPSS Inc.，Chicago，IL，USA）。采用单因素方差分析，研究野外原位监测条件下施氮、施磷及氮磷配施对土壤基本属性的影响。采用多因素方差分析，研究氮磷添加、葡萄糖添加和培养时间对土壤总CO$_2$累积排放速率和PE的影响。利用线性回归模型，研究氮磷添加处理下支配土壤总CO$_2$、SOM源CO$_2$、葡萄糖源CO$_2$排放变异的影响因素。

5.3 结果与分析

5.3.1 亚热带人工林SOM矿化和PE

（1）土壤基本属性　与对照相比，单独施氮或磷显著降低土壤总碳和总氮含量（$P<0.05$）。施磷或氮磷配施极显著增加土壤有效磷含量（$P<0.001$）。施氮显著降低土壤DOC含量（$P=0.05$）和NH$_4^+$-N含量（$P<0.1$）。施磷显著缓解了土壤酸化（$P=0.01$）（表5.1）。

在100 d培养过程中，分别在第3、第25、第65和第100天破坏性采样进行土壤微生物生物量碳（MBC）的测定，结果如图5.3所示。双因素方差分析结果表明，无论是否添加葡萄糖，MBC含量具有显著的时间变异，培养第25天MBC达到最大（图5.3a~b，$P=0.001$），但是各施肥处理之间差异不显著（$P>0.05$）。此外，培养第3天和第100天添加葡萄糖和养分没有显著改变MBC含量（图5.3c~d）。

第 5 章
氮磷富集对土壤有机质矿化和激发效应的影响

表5.1 不同试验处理下亚热带人工林表层土壤基本属性

处理	总碳 (g·kg⁻¹)	总氮 (g·kg⁻¹)	铵态氮 (mg·kg⁻¹)	硝态氮 (mg·kg⁻¹)	有效磷 (mg·kg⁻¹)	可溶性有机碳 (mg·kg⁻¹)	pH
CK	49.71 ± 4.91a	3.20 ± 0.27a	1.93 ± 0.34a	0.40 ± 0.10a	0.49 ± 0.09b	162.48 ± 25.4a	3.21 ± 0.05b
P	35.16 ± 6.42b	2.29 ± 0.43b	1.33 ± 0.21ab	0.30 ± 0.13a	324.12 ± 57.49a	129.28 ± 17.06ab	3.63 ± 0.16a
N	30.08 ± 1.62b	1.98 ± 0.09b	1.04 ± 0.12b	0.45 ± 0.11a	2.15 ± 0.82b	90.09 ± 5.04b	3.29 ± 0.03b
NP	42.79 ± 3.09ab	2.78 ± 0.18ab	1.36 ± 0.13ab	0.39 ± 0.18a	254.38 ± 34.37a	123.3 ± 12.27ab	3.25 ± 0.03b
F值	3.83	3.86	2.90	0.23	25.36	3.16	5.33
P值	0.03	0.03	0.07	0.87	<0.001	0.05	0.01

注：同列不同小写字母表示不同试验处理间差异显著（$P<0.1$）。

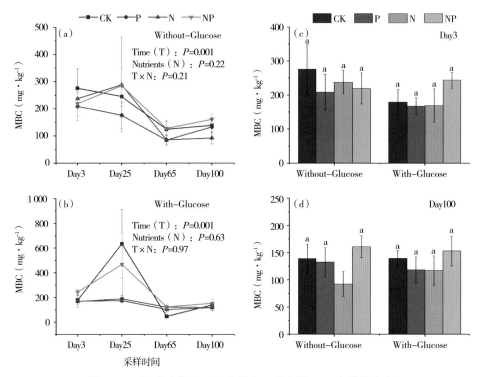

图5.3 不同试验处理下亚热带人工林土壤MBC含量的变化

注：MBC，微生物生物量碳；Day3、Day25、Day65、Day100分别代表培养第3天、第25天、第65天、第100天；Without-Glucose，未添加葡萄糖；With-Glucose，添加葡萄糖；Time，时间效应；Nutrients，施肥效应；T×N，时间和施肥交互效应；柱上相同小写字母表示不同试验处理间差异不显著（$P>0.05$）。

（2）土壤总CO_2浓度及PE 在培养100 d内，SOC累积损失量、CO_2排放速率及SOM源CO_2排放量如图5.4所示。培养100 d后，添加葡萄糖和养分各处理的总CO_2排放量范围为509~781 $\mu g \cdot g^{-1}$。双因素方差分析结果表明，无论是否添加葡萄糖，培养时间与养分添加均显著影响土壤总CO_2排放。同时，SOM源CO_2排放趋势与总CO_2排放趋势一致，各处理表现出CK>NP>P>N（图5.4A）。在培养的第3天，添加葡萄糖处理下，施氮显著降低了总CO_2排放和SOM源CO_2排放（图5.4B）。培养第100天，无论是否添加葡萄糖，施氮处理显著降低总CO_2排放；但SOM源CO_2排放在添加葡萄糖处理下显著低于不添加葡萄糖（图5.4B）。逐步回归分析结果表明，土壤总无机氮、DOC和pH是影响总CO_2排放和SOM源CO_2排放的主要因素，分别解释其变异的83%和82%（表5.2）。

第5章 氮磷富集对土壤有机质矿化和激发效应的影响

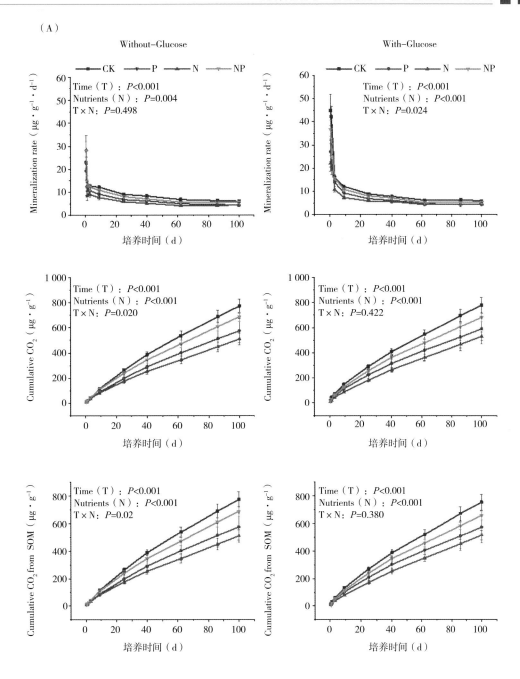

（A）

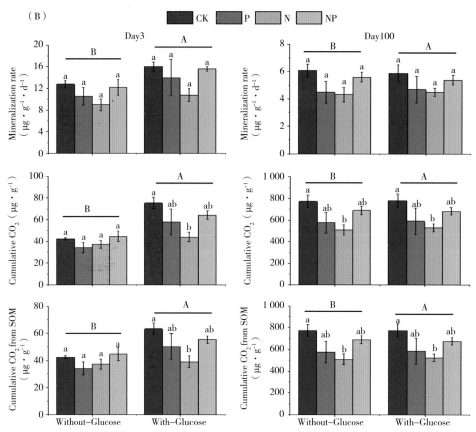

图5.4 不同试验处理下土壤矿化速率、CO_2累积释放量和SOM源CO_2释放量

注：Mineralization rate，矿化速率；Culmulative CO_2，累积CO_2；Cumulative CO_2 from SOM，SOM源CO_2释放；Without-Glucose，未添加葡萄糖；With-Glucose，添加葡萄糖；Time，时间效应；Nutrients，施肥效应；TXN，时间和施肥交互效应；柱上相同小写字母表示处理间差异不显著（$P<0.05$）。Day3、Day100分别代表培养第3天、第100天；柱上不同大写字母表示添加葡萄糖和未添加葡萄糖间差异显著（$P<0.05$）；柱上不同小写字母表示各施肥处理间差异显著（$P<0.05$）。

随着培养时间的延长，来源于葡萄糖的CO_2逐渐累积，而不同施肥处理下PE的强度和方向变化趋势不同（图5.5）。双因素方差分析结果表明，培养时间和养分添加均显著影响葡萄糖源CO_2排放，但二者的交互作用不显著（图5.5a）。培养第3天，施氮显著降低葡萄糖源CO_2排放（图5.5b）。培养第100天，各施肥处理之间差异不显著（图5.5b）。土壤DOC和pH是影响葡萄糖源CO_2排放的主要因素，二者共同解释其变异的62%（表5.2）。

表5.2 不同试验处理下土壤总CO_2排放、SOM源CO_2、葡萄糖源CO_2排放的线性回归模型及其参数

因变量	参数	相关系数	调整R^2	P值
累积CO_2	截距	1 119.78	0.83	<0.001
	TIN	49.02		
	pH	-278.30		
	DOC	1.79		
SOM源CO_2	截距	1 056.16	0.82	<0.001
	TIN	49.32		
	pH	-260.97	0.82	<0.001
	DOC	1.65		
葡萄糖源CO_2	截距	60.97	0.62	<0.001
	DOC	0.14		
	pH	-16.77		

注：TIN，总无机氮；DOC，可溶性有机碳。

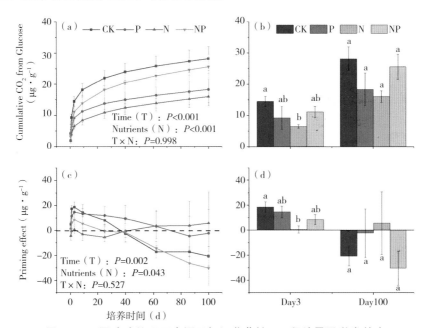

图5.5 不同试验处理下来源于标记葡萄糖CO_2释放量及激发效应

注：Cumulative CO_2 from Glucose，葡萄糖源CO_2释放；Priming effect，激发效应；Time，时间效应；Nutrients，施肥效应；T×N，时间和施肥交互效应；Day3、Day100分别代表培养第3天、第100天；柱上不同小写字母表示不同试验处理间差异显著（$P<0.05$）。

双因素方差分析结果表明，添加葡萄糖诱发的PE在培养时间和施肥处理

条件下差异显著（$P<0.05$），且二者无交互作用（图5.5c）。对照、磷添加、氮磷添加处理下，PE均表现出培养初期为正激发（PE>0），随着培养时间的延长变为负激发（PE<0）。长期施氮表现出完全相反的趋势，培养初期表现为负激发，后期为正激发（图5.5c）。在培养第3天，与对照相比，施氮显著降低土壤PE（图5.5d），且PE与总CO_2释放速率、SOM源CO_2释放速率以及葡萄糖源CO_2释放速率呈显著的正相关关系（图5.6a~c，$P<0.01$）。在培养第100天，各施肥处理间差异不显著（图5.5d），此外，PE与各CO_2释放量之间相关性不显著（图5.6d~f，$P>0.05$）。

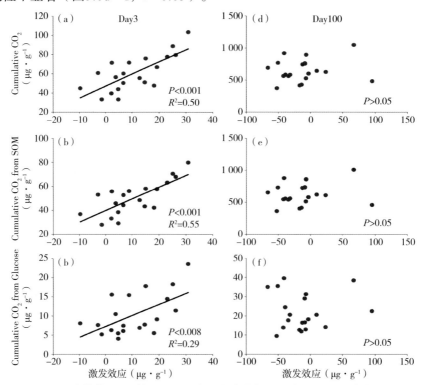

图5.6　培养第3天和第100天土壤激发效应与不同来源CO_2排放的关系

注：Culmulative CO_2，累积CO_2；Culmulative CO_2 from SOM，SOM源CO_2释放；Cumulative CO_2 from Glucose，葡萄糖源CO_2释放；Day3、Day100分别代表培养第3天、第100天。

5.3.2　温带森林SOM矿化及PE

（1）土壤基本属性　对照样方中，有机层和0~10 cm矿质层土壤基本理化属性差异显著，均表现为有机层显著高于矿质层（表5.3）。施肥没有显著改变有机层土壤属性（$P>0.05$）。单独施氮和施磷显著增加矿质层土壤NO_3^--N含量（$P=0.02$），施磷导致矿质层土壤DOC含量增加了47%（$P=0.01$）。根据不同培养阶段的MBC测定结果，发现无论是否添加葡萄糖，MBC含量随时间显著降低（图5.7a~b，$P<0.001$）；单独施氮显著增加MBC含量（图5.7a~b，$P<0.05$）。此外，在培养第3天和第100天，氮添加与氮磷共同添加存在显著差异（图5.7c~d）。

表5.3 不同试验处理下温带针阔混交林有机层和矿质层土壤基本属性

深度	处理	总碳 (g·kg^{-1})	总氮 (g·kg^{-1})	铵态氮 (mg·kg^{-1})	硝态氮 (mg·kg^{-1})	可溶性有机碳 (mg·kg^{-1})	pH
有机层	CK	154.38 ± 22.11	11.67 ± 1.61	58.38 ± 27.98	7.49 ± 3.25	201.27 ± 64.38	6.11 ± 0.09
	P	182.55 ± 24.79	13.79 ± 1.43	73.1 ± 23.35	11.81 ± 2.80	254.42 ± 61.31	6.23 ± 0.08
	N	181.99 ± 18.21	14.31 ± 1.20	60.94 ± 14.00	15.81 ± 1.97	230.51 ± 39.02	6.04 ± 0.03
	NP	158.93 ± 5.39	12.12 ± 0.63	53.18 ± 5.49	9.12 ± 2.14	206.11 ± 4.68	6.05 ± 0.04
	P值	0.62	0.43	0.91	0.17	0.86	0.18
0~10 cm 矿质层	CK	47.74 ± 3.04	4.61 ± 0.31	4.67 ± 1.58	1.79 ± 0.24b	52.66 ± 7.09b	4.35 ± 0.17
	P	47.25 ± 4.40	4.83 ± 0.39	6.13 ± 1.56	3.35 ± 0.58a	77.34 ± 4.96a	4.50 ± 0.06
	N	58.81 ± 3.35	5.38 ± 0.59	4.40 ± 1.14	3.88 ± 0.43a	49.59 ± 6.85b	4.51 ± 0.13
	NP	46.37 ± 4.89	4.10 ± 0.61	5.60 ± 2.19	1.70 ± 0.66b	48.52 ± 3.16b	4.48 ± 0.06
	P值	0.14	0.36	0.87	0.02	0.01	0.75

注：同列不同小写字母表示不同试验处理间差异显著（$P<0.05$），$P>0.05$的没有标注。

（2）土壤总CO_2浓度及PE 不同处理下SOC矿化速率、CO_2总累积释放速率和SOM源CO_2累积释放量随培养时间变化趋势如图5.8所示。培养100 d后，添加葡萄糖+施肥各处理的CO_2总累积排放量变化范围为820~1 116 μg·g^{-1}。双因素方差分析表明，无论是否添加葡萄糖，土壤SOC矿化速率随培养时间呈显著下降的趋势，而总CO_2累积排放则呈现累积的趋势（图5.8A，$P<0.001$），各施肥处理之间差异不显著（图5.8A，$P>0.05$）。另外，SOM源CO_2累积排放的时间变化趋势与总CO_2累积排放一致，存在显著的时间变异。在培养的第3天，添加葡萄糖显著增加SOC矿化速率，施肥处理的影响不显著；不添加葡萄糖情况下，施氮显著降低总CO_2累积释放量和SOM源CO_2释放量（图5.8B）。培养100 d后，添加葡萄糖处理下CO_2总累积释放量显著高于不添加葡萄糖，但是不同施肥处理之间差异不显著（图5.8B）。Pearson相关分析结果表明，CO_2总累积释放量和SOM源CO_2总累积释放量分别与土壤NH_4^+-N、总无机氮和DOC含量呈显著的正相关关系（表5.4，$P<0.05$）。

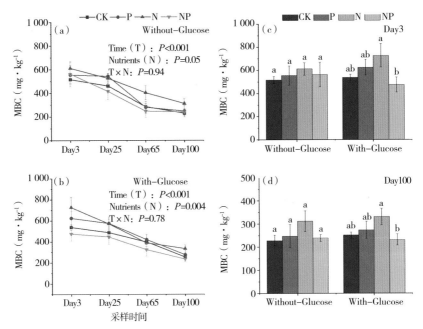

图5.7 不同试验处理下温带针阔混交林土壤微生物量碳（MBC）的变化

注：MBC，微生物生物量碳；Day3、Day25、Day65、Day100分别代表培养第3天、第25天、第65天、第100天；Without-Glucose，未添加葡萄糖；With-Glucose，添加葡萄糖；Time，时间效应；Nutrients，施肥效应；T×N，时间和施肥交互效应；柱上不同小写字母表示各施肥处理间差异显著（$P<0.05$）。

表5.4 不同施肥处理下温带针阔混交林表层土壤CO_2释放量与土壤属性的相关性分析

土壤属性	CO_2通量			
	Cumulative CO_2	CO_2-SOM	CO_2-Glucose	PE
NO_3^--N	0.515	0.510	0.605*	−0.131
NH_4^+-N	0.655*	0.655*	0.486	−0.049
TIN	0.764**	0.759**	0.829**	−0.198
DOC	0.694*	0.697*	0.414	0.051
pH	−0.296	−0.298	−0.105	−0.135
MBC	0.345	0.335	0.745**	−0.071

注：Cumulative CO_2，CO_2总累积释放量；CO_2-SOM，SOM源CO_2累积释放量；CO_2-Glucose，葡萄糖源CO_2累积释放量；PE，激发效应；NO_3^--N，硝态氮；NH_4^+-N，铵态氮；TIN，总无机氮；DOC，可溶性有机碳；MBC，微生物生物量碳；*表示$P<0.05$；**表示$P<0.01$。

葡萄糖源CO_2累积释放量随着培养时间的变化趋势如图5.9a所示。双因素方差分析结果表明，培养时间和施肥处理均显著影响葡萄糖源CO_2累积释放量（$P<0.01$），但是二者无交互作用（图5.9a，$P>0.05$）。与对照相比，氮磷添加显著降低葡萄糖源CO_2累积释放量，但是在培养第3天和第100天未表现出显著差异（图5.9c）。相关分析表明葡萄糖源CO_2累积释放量与NO_3^--N、总无机氮和MBC呈显著的正相关关系（表5.4，$P<0.05$）。添加葡萄糖后引起的PE

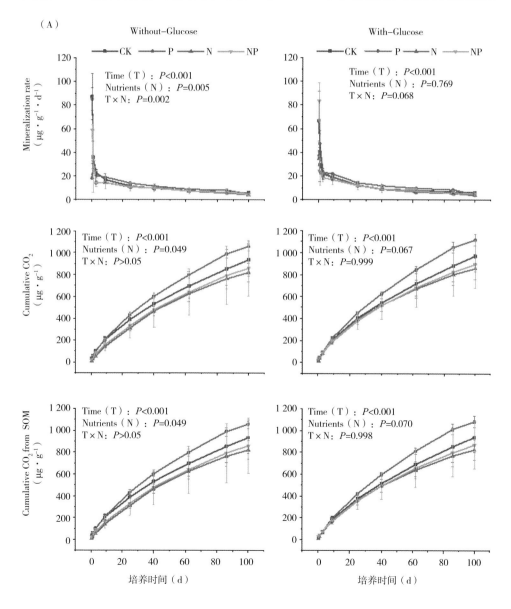

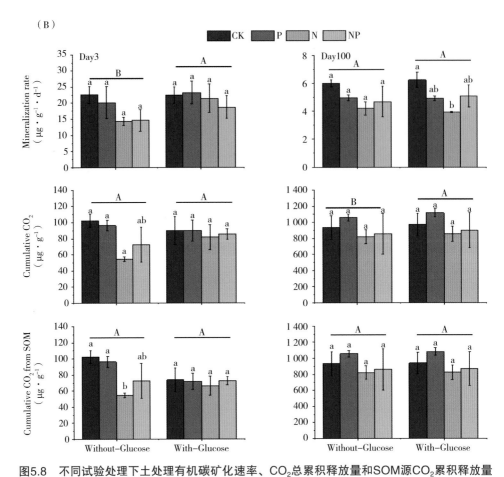

图5.8 不同试验处理下土处理有机碳矿化速率、CO_2总累积释放量和SOM源CO_2累积释放量

注：Mineralization rate，矿化速率；Culmulative CO_2，累积CO_2；Culmulative CO_2 from SOM，SOM源CO_2释放；Without-Glucose，未添加葡萄糖；With-Glucose，添加葡萄糖；Time，时间效应；Nutrients，施肥效应；T×N，时间和施肥交互效应；柱上不同大写字母表示添加葡萄糖和未添加葡萄糖间差异显著（$P<0.05$）；柱上不同小写字母表示各施肥处理间差异显著（$P<0.05$）。

的趋势曲线如图5.9b所示。对照与单施磷处理在添加葡萄糖时PE的变化趋势相似，表现为培养前期为负激发，在培养后期PE逐渐增加变成正激发。而单施氮和氮磷共同添加条件下葡萄糖输入引起的PE响应曲线趋势相似，整个培养期间均为正激发，在培养前期（25 d）增加至最大，随后逐渐减弱。双因素方差分析表明，随着培养时间的变化，PE无显著差异（$P>0.05$）。与对照相比，单施氮和氮磷共同添加导致PE显著增加（$P=0.02$）。

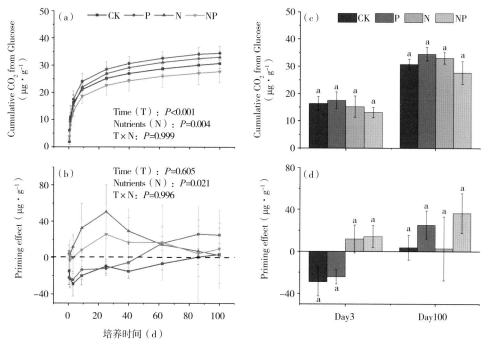

图5.9 不同试验处理下来源于葡萄糖源CO_2累积释放量及PE

注：Cumulative CO_2 from Glucose，葡萄糖源CO_2；Priming effect，激发效应；Time，时间效应；Nutrients，施肥效应；T×N，时间和施肥交互效应；Day3、Day100分别代表培养第3天、第100天；柱上相同小写字母表示不同试验处理间差异不显著（$P>0.05$）。

5.3.3 亚热带人工林和温带森林SOM矿化和PE的差异

温带针阔混交林对照样方土壤总氮、NH_4^+-N和NO_3^--N含量显著高于亚热带季风常绿阔叶林（表5.1，表5.3）；二者的总有机碳含量相近（约为50 $g·kg^{-1}$）；亚热带季风常绿阔叶林土壤的酸性更强。两个森林对养分添加的响应也存在明显差异，单施氮、磷显著降低亚热带季风常绿阔叶林土壤总碳和总氮含量，施磷和氮磷共同添加显著增加土壤有效磷含量，施氮显著降低土壤NH_4^+-N和DOC含量（表5.1）。与亚热带季风常绿阔叶林相比，氮磷单施或共同添加对温带针阔混交林土壤总碳和总氮无显著影响，单施氮或磷显著增加NO_3^--N含量，单施氮增加DOC含量（表5.3）。

对照样方中，两个森林土壤不同来源CO_2累积释放量存在明显差异，无论是否添加葡萄糖，均表现为温带针阔混交林显著高于亚热带季风常绿阔叶林。对氮磷富集的响应主要表现在施氮处理下添加葡萄后的响应差异。具体来说，施氮显著抑制亚热带季风常绿阔叶林土壤CO_2总累积释放量和SOM源CO_2累积释放量，而温带针阔混交林的响应刚好相反（图5.4，图5.8）。添加葡萄糖后的PE变化趋势也不一致，随着培养时间的延长，亚热带季风常绿阔叶林土壤由正激发逐渐减弱，而温带针阔混交林表现为由负激发逐渐增加（图5.5，图5.9）。此外，亚热带人工林土壤中PE对施氮的响应表现为抑制，温带针阔混交林刚好相反。

5.4 讨论

5.4.1 氮磷富集对亚热带季风常绿阔叶林SOM矿化的影响

在100 d的培养时间内，添加葡萄糖显著增加亚热带季风常绿阔叶林土壤总CO_2以及SOM源CO_2累积释放量，这可由共代谢和活化理论解释，即所添加的活性物质（葡萄糖）通过刺激微生物活性而增加SOM的矿化（Kuzyakov et al., 2000）。此外，无论是否添加葡萄糖，总CO_2累积释放量以及SOM源CO_2累积释放量在各施肥处理下表现出CK>NP>P>N（图5.4），且施氮的抑制效应最显著。相似地，多个室内培养试验也发现施氮显著降低了SOM的矿化（Craine et al., 2007；Qiu et al., 2016；Wang et al., 2019）。由于添加底物的化学计量比以及微生物对资源的需求驱动着SOM的矿化（Melillo et al., 1982），当分解速率达到最大时恰好是满足微生物对碳、氮、磷的需求比例（Sterner and Elser, 2002）。因此，施氮抑制SOM矿化可能归因于以下3个方面：首先，亚热带季风常绿阔叶林土壤氮素有效性高，微生物偏好利用易于分解的有机质（Cheng, 1999）；其次，施氮可能抑制有机质分解酶的合成，导致SOM矿化下降（Craine et al., 2007）；最后，添加的无机氮被有机质吸附或与SOM键合，物理保护作用使其免受微生物分解，进而降低SOM矿化（Castellano et al., 2012）。

有机质输入引起PE强度和方向的变化与添加底物的质量密切相关（Hamer and Marschner, 2005），并且随着培养时间的延长不断发生变化（Sallih and Bottner, 1988）。本研究发现，在对照、磷添加、氮磷共同添加处理下，培养初期表现为正激发，培养后期变为负激发。而在氮素富集条件下趋势相反，培养初期显著抑制激发，而后期转变为正激发（图5.5c）。Zhang等（2012）

在亚热带人工林构建添加不同质量^{13}C标记的凋落物试验，发现在不同培养时间施氮对PE的影响方向不一致；培养初期施氮可增强高质量凋落物（低C/N比）添加引起的正激发效应，而培养后期施氮处理下由正激发转向负激发，表现出明显的抑制作用。本研究中，培养初期（第3天）施氮显著抑制PE与总CO_2累积释放量、SOM源CO_2累积释放量及葡萄糖源CO_2累积释放量呈显著的正相关关系（图5.6）。施氮抑制PE在多数野外和室内试验研究中均得以证明，表现为施氮抑制微生物呼吸（Bowden et al.，2004；Craine et al.，2007；Treseder，2008）。培养后期PE在各施肥处理之间无显著差异，与不同来源CO_2累积释放量不相关。一方面，由于所添加的底物碳含量与MBC含量相当，可能只改变微生物群落活性及周转速率，不会刺激微生物生长，因此所引起PE仅维持在培养前期（Blagodatskaya and Kuzyakov，2008）；另一方面，由于试验样地之间异质性较大或^{13}C测定存在一定的误差，各处理之间差异不显著。

5.4.2 氮磷富集对温带针阔混交林SOM矿化的影响

在培养初期添加葡萄糖显著增加SOM总矿化速率，但是没有显著改变不同来源CO_2累积释放量。培养100 d后，添加葡萄糖处理下总CO_2累积释放量显著高于不添加葡萄糖处理，但是SOM源CO_2累积释放量对葡萄糖添加无显著响应（图5.8）。潜在的原因是易利用的活性碳将微生物从无生长或饥饿状态激活，导致矿化加速和总CO_2累积释放量增加（Hamer and Marschner，2005；Kuzyakov，2010）。本研究中，活性碳输入初期导致温带针阔混交林土壤产生负激发，随着培养时间PE逐渐增加，这与活性碳输入造成正激发这一常见的结果不一致（Derrien et al.，2014；Liu et al.，2018；Wang et al.，2019）。由于正激发的发生需要添加活性碳的量达到一定阈值（Qiao et al.，2014），而本研究活性碳的输入量仅为MBC的一半，不足以引起微生物生长和酶活性增加（Fontaine et al.，2003）；培养期间添加葡萄糖对MBC无显著影响也佐证了这个推断（图5.7）。此外，葡萄糖新形成的有机碳是微生物同化后的代谢产物（Wang et al.，2019）。可惜的是，本研究未测定和量化来源于葡萄糖的MBC比例及新形成的SOC比例，无法检验MBC与新形成SOC之间的关系以及微生物本身对SOM的贡献。

不添加葡萄糖情况下，施氮显著降低总CO_2累积释放量和SOM源CO_2累积释放量，但是在氮素富集条件下添加葡萄糖后上述抑制作用不显著（图5.8）。这暗示着施氮和活性碳添加之间存在明显的交互作用，即促进SOM分解。有研究表明，施氮导致SOM分解加速归因于一些微生物被活化（Hamer and Marschner，2005），产生更多的胞外酶（Kuzyakov et al.，2000）。与我们的研究不同，基于6 a温带森林野外增氮及室内添加^{13}C标记葡萄糖培养试验，Tian等（2019）发现施氮导致PE显著减少了23%，归因于施氮增加了土壤氮素有效性，进而降低了微生物对原有SOM的养分挖掘。此外，葡萄糖源CO_2累积释放量分别与NO_3^--N、总无机氮和MBC呈显著正相关关系（表5.4），表明施氮通过增加氮素有效性提高微生物生物量及其对葡萄糖的利用效率（Kirkby et al.，2014）。此外，在长期氮素富集条件下活性碳输入可能满足化学计量分解理论，即可利用的碳和养分恰好满足微生物的需求，导致SOM矿化速率加速（Nottingham et al.，2012）。

5.4.3 氮磷富集条件下亚热带人工林和温带森林SOM矿化及PE的响应差异

无论是否添加葡萄糖，两个森林对照样方土壤不同来源CO_2累积释放量均表现为温带森林显著高于亚热带人工林。SOM的分解受土壤碳含量、土壤含水量、温度、微生物生物量以及酶活性等诸多因素影响（Theuerl and Fransois，2010）。SOM矿化速率在很大程度上取决于底物有效性和微生物代谢（Fang et al.，2014）。对比两个森林表层土壤基本属性，发现温带森林土壤总氮、NH_4^+-N、NO_3^--N及MBC含量均显著高于亚热带人工林土壤（表5.1，表5.3），表明较高的土壤养分含量可为微生物生长代谢提供底物需求，相应地增加其生物量，进而加速SOM的分解（Weedon et al.，2013）。这与刘霜等（2018）的研究结果一致，他们发现温带森林中较高的土壤养分和含水量导致SOM矿化高于亚热带人工林。此外，亚热带人工林和温带森林土壤在添加葡萄糖后引发PE的方向不一致，培养初期亚热带人工林表现为正激发，而温带森林为负激发。原因如下：所添加葡萄糖的量，相当于温带森林MBC含量的一半，而与亚热带人工林MBC含量相当。可见，引起PE方向改变的阈值与特定土壤MBC含量密切相关（Blagodatskaya and Kuzyakov，2008）。

两个森林土壤各种来源CO_2累积释放量和PE对氮添加的响应强于磷添加，表明施肥调控着微生物活性及其对新输入碳的同化吸收，施氮的效应强于施磷，归因于养分添加处理下微生物偏好利用葡萄糖满足其生长需求，并使碳与养分的比例达到平衡（Wu et al., 2019）。本研究发现，施氮显著抑制亚热带人工林而促进温带森林土壤总CO_2累积释放量、SOM源CO_2累积释放量和PE。由于温带森林土壤初始氮状况为氮限制，施氮后显著增加温带森林土壤NO_3^--N含量，降低SOM分解并产生负PE，该现象可用微生物养分挖掘理论来解释（Sistla et al., 2012）。当微生物受养分限制而活性碳充足时，其利用碳作为能源来获取难分解有机质中的有效氮和磷（Craine et al., 2007; Fontaine et al., 2011）。

5.5　本章小结

本章探讨了亚热带人工林和温带针阔混交林生态系统长期氮磷富集条件下活性碳输入引起PE方向及程度的变化。研究结果表明，活性碳输入显著促进了亚热带人工林SOC的矿化，产生正激发。在氮素富集条件下SOM矿化显著减弱，PE受到抑制。相反，等量活性碳输入对温带针阔混交林SOM矿化无显著影响，在培养初期表现为负激发。活性碳和氮共同输入显著促进温带针阔混交林SOM分解和增加PE强度。由于初始养分限制状况不同，在长期氮素富集条件下活性碳输入对亚热带人工林和温带针阔混交林SOM矿化和PE的影响完全相反。

第6章 氮磷富集影响土壤有机质矿化和激发效应的微生物学机制

6.1 引言

外源性有机质添加产生激发效应（PE），潜在的微生物学机制如下。一方面，来源于根系分泌物的葡萄糖作为微生物的碳源和能源（Schmatz et al.，2017），其输入可通过养分挖掘作用直接刺激微生物活性，加速SOM分解，产生正PE（Fontaine et al.，2003；Kuzyakov，2010；Kuzyakov et al.，2000）；另一方面，活性碳的输入可能导致微生物的底物利用从难降解有机质向易分解的活性碳转变，进而减缓SOM矿化，产生负PE（Shahbaz et al.，2017）。因此，SOC的截存潜力在很大程度上取决于SOM加速矿化和新有机质输入之间的平衡（Fontaine et al.，2003）。尽管有关PE动态的研究案例较多，但是活性碳和氮磷共同输入对PE影响的微生物学机制仍不明确。两种相互争论的微生物学原理被用于解释养分和活性碳共同输入引起的PE："微生物养分挖掘"作用和"微生物化学计量分解"理论。在碳充足和养分缺乏的生态系统中，微生物生长的养分需求会导致SOC矿化增加（正PE），称为"养分挖掘"（Chen et al.，2014；Fontaine et al.，2011）。换句话说，当外源性养分供应不足但活性碳输入增加时，微生物将"投资"胞外酶分解SOM以获取其中的养分。碳/养分比例高的有机物质输入后，原SOM分解加速以响应微生物更高的养分需求。因此，"微生物养分挖掘"作用会降低酶的碳/养分化学计量比（Waring et al.，2014）。相反，"微生物化学计量分解"理论认为，当养分限制缓解时，原SOM分解会增强。例如，充足的氮磷与富碳有机物共同输入会刺激功能微生物群落的生长和活性（Gulis and Suberkropp，2003），在分解过程中会改变微生物的C∶N∶P化学计量比（Heuck et al.，2015）。反之，会增强原SOC和新碳的矿化作用（Schneider et al.，2012），以恒定的碳/养分比加速惰性SOC的周转（Kirkby et al.，2013）。

SOC矿化受多种因素影响，其中养分有效性扮演着极其重要的角色（Fontaine et al.，2011）。之前大多数研究集中在短期施肥（如单次添加）如何影响SOC转化对葡萄糖添加的响应（Wang et al.，2014b）。然而，森林生态系统长期遭受大气氮磷沉降的影响，短期施肥不能真实地模拟这一过程。同时，短期和长期施肥条件下SOC矿化对葡萄糖添加的响应并不一致（Fang et al.，2018；Wu et al.，2019）。长期施肥不仅会增加养分的可利用性，也会改变土壤的物理化学属性（Zamanian et al.，2018），导致微生物群落组成和多样性的改变（Fontaine et al.，2011；Li et al.，2018）。因此，了解微生物群落组成、土壤属性、酶活性与PE强度之间的关联性将有助于阐明氮磷富集影响PE的内在机制。

本章研究内容与目标如下：①采用荧光测定和高通量测序方法，研究氮磷富集条件下活性碳输入对土壤酶活性及微生物群落组成的影响；②结合不同来源CO_2累积释放量、土壤基本属性及微生物指标，揭示影响SOM分解的主控因素；③探讨氮磷添加对亚热带人工林和温带针阔混交林SOC激发效应的影响及其微生物学机制。

6.2 材料与方法

6.2.1 氮磷添加控制试验与土壤采样

选择鼎湖山亚热带季风常绿阔叶林和长白山温带针阔混交林氮磷添加控制试验，其试验设计及土壤采样详见第5章。

6.2.2 土壤酶活性测定

分别测定培养第3天和第100天的9种胞外酶活性（7种水解酶和2种氧化酶），包括β-1,4-葡萄糖苷酶（βG，EC 3.2.1.21）、α-1,4-葡萄糖苷酶（αG，EC 3.2.1.20）、β-D-1,4-纤维二糖水解酶（CBH，EC 3.2.1.91）、 β-1,4-木糖苷酶（βX，EC 3.2.1.37）、β-1,4-N-乙酰氨基葡萄糖苷酶（NAG，EC 3.1.6.1）、亮氨酸氨肽酶（LAP，EC 3.4.11.1）、酸性磷酸酶（AP，EC 3.1.3.2）、酚氧化酶（PhOx，EC 1.11.1.7）和过氧化物酶（Perox，EC 1.10.3.2），它们与SOM截存和养分循环密切相关（Saiya-Cork et al.，2002）。水解酶（βG、αG、CBH、βX、NAG、LAP、AP）采用微孔板荧光法测定，氧化酶（PhOx和Perox）采用吸收光法测定（Saiya-Cork et al.，2002；German et al.，2011；Bell et al.，2010）。具体步骤如下。称取1 g鲜土于烧杯中，加入125 mL pH = 5.0（与土壤pH相似）的醋酸钠缓冲液（50 mmol·L^{-1}），用涡旋仪和磁力搅拌器混匀，制成土壤悬浮液。水解酶：吸取土壤悬浮液200 μL于96孔微孔板，并加入50 μL 200 μmol·L^{-1}底物，所有微孔板在20℃的黑暗条件下培养4 h，停止培养后，每个孔加入10 μL 1 mol·L^{-1} NaOH溶液，1 min后，在激发波长360 nm、发射波长460 nm下进行荧光测定（SynergyH4，BioTek），其表示单位为nmol·g^{-1}·h^{-1}（干基）。氧化酶：吸取600 μL于96孔深孔板，加入150 μL 200 μmol·L^{-1}底物，测定过氧化物酶的深孔板中再加入30 μL 10% H_2O_2，所有深孔板在20℃的黑暗条件下培养5 h，停止培养后离心2 min，吸取上清液200 μL于微孔板，将微孔板在激发波长360 nm、发射波长460 nm下进行荧光测定，其表示单位为μmol·g^{-1}·h^{-1}（干基）。每个样品分析设置8个重复，同时设置空白、土壤对照、底物对照及标准曲线。

6.2.3　土壤微生物真菌和细菌群落组成测定

采集培养第3天和第100天的土壤样品，基于16S rDNA和ITS2基因的高通量测序，测定土壤细菌和真菌群落组成。具体实验步骤如下。①DNA提取：称取0.5 g低温保存的土壤样品，利用PowerMax土壤DNA分离提取试剂盒（Mo BioLaboratories，Carlsbad，CA）提取土壤总DNA（方法参见试剂盒说明书）。②基因组DNA质量检测：用琼脂糖凝胶电泳检测基因组DNA完整性，用Nanodrop 2000核酸蛋白分析仪检测提取的DNA质量。③进行样本目的区域检测扩增：对于合格的样本检测区域进行高保真PCR扩增，设置3个重复实验，同时以标准的细菌/真菌基因组DNA Mix作为阳性对照。扩增引物根据选定的检测区域相应确定，用515F（5′-GTGCCAGCMGCCGCGG-3′）和907R（5′-CCGTCAATTCMTT TRAGTTT-3′）作为引物对细菌16S rDNA

基因V4~V5区进行扩增。用ITS3（GCATCGATGAAGAACGCAGC）和ITS4（TCCTCCGCTTATTGATATGC）作为引物对真菌ITS2基因进行扩增。50 μL PCR反应体系包含：前端和末端引物各15 μmol·L^{-1}、碱基1.25 μmol·L^{-1}、Taq DNA聚合酶（TaKaRa，Japan）2 U和1 μL模板（约含50 ng DNA）。PCR扩增程序：94℃ 2 min，25个循环（94℃ 30 s，55℃ 30 s，72℃ 1 min），72℃维持10 min。琼脂糖凝胶电泳检测扩增产物是否单一和特异。将同一个样本的3个平行扩增产物混合，每个样本加入等体积的AgencourtAMpure XP核酸纯化磁珠对产物进行纯化。④各样本添加特异性标签序列：利用带有Index序列的引物，通过高保真PCR向文库末端引入特异性标签序列。使得下游上机测序时可以对多个样本进行混合，后续生物信息学处理能够区别带有不同标签序列的样本。扩增后产物进行琼脂糖凝胶电泳检测，应用核酸纯化磁珠对扩增产物进行纯化，得到一个样本的原始文库。⑤对文库进行定量及混合：根据琼脂糖凝胶电泳的初步定量结果，对已经带有各自Index标签的样本文库浓度进行适当稀释，然后利用Qubit对文库进行精确定量，根据不同样本的测序通量要求，按相应比例（摩尔比）混合样本。⑥文库质量检测：混样后的文库通过Agilent 2100 Bioanalyzer检测测序文库插入片段的大小，确认在120~200 bp无非特异性扩增，并准确定量测序文库浓度。⑦MiSeq上机测序：利用Miseq平台，采用2×250 bp的双端测序策略对文库进行测序，后续进行生物信息学分析。测序完成后，通过Oracle VM VirtualBox加载linux虚拟机，运用QIIME官网提供的命令和方法对序列进行后续分析。将碱基数少于100 bp或累积错误率大于2%的序列剔除；通过比对前端barcode碱基对与土样编号对应；通过Uparse对序列质量进一步控制，按照97%相似性对序列进行聚类，去除嵌合体和非生物序列，留下优质序列，作为参比序列；通过与参比序列比对，生成OTU表，最后与SILVA 119 database（http://www.arbsilva.de/download/archive/qiime/）97%相似性数据库比对得到带有物种信息的OTU表。对OTU表进行进一步的过滤和抽平，用于后续α多样性和β多样性分析。

6.2.4 统计分析

利用配对样本T检验研究葡萄糖添加对土壤酶活性、微生物种群丰度和群落组成的影响。利用单因素方差分析评价施肥对酶活性及其化学计量比的影响，利用双因素方差分析研究葡萄糖添加、施肥及其交互作用对土壤胞外酶活性的影响。利用回归分析研究不同来源CO_2累积释放量与土壤生物、非生物因子之间的关系。利用冗余分析（RDA）结合蒙特卡洛检验判断土壤基本属性、酶活性及微生物群落组成对SOM分解的贡献。

6.3 结果与分析

6.3.1 亚热带人工林土壤酶活性和微生物群落组成

（1）土壤胞外酶活性　分别测定第3天和第100天土壤胞外酶活性。结果表明，随着培养时间的延长，所有水解酶（βG、NAG、AP、βX、CBH、αG和LAP）及氧化酶（PhOx和Perox）活性均显著降低（图6.1a～d）。培养第3天，添加葡萄糖显著增加βG、βX、CBH、αG的活性（表6.1，图6.1），以及水解酶碳氮磷比（C/N比、C/P比、N/P比）（图6.2）。各施肥处理显著降低AP活性，施氮和施加氮磷显著降低αG活性（表6.1，图6.1a～b）。不添加葡萄糖条件下，施磷和施加氮磷显著降低水解酶C/N比，但显著增加水解酶N/P比（图6.2）。添加葡萄糖后，施加氮磷显著降低水解酶C/N比，单施氮增加水解酶C/N比，而施加磷和氮磷显著增加水解酶N/P比（图6.2）。培养100 d后，双因素方差分析结果表明，添加葡萄糖仅显著影响LAP活性，施肥处理只改变AP和LAP活性（表6.2）。各施肥处理显著抑制AP活性，增加LAP活性（图6.1c～d）。培养100 d后，添加葡萄糖处理水解酶C/N比显著高于不添加葡萄糖处理，但是各施肥处理之间差异不显著（图6.2）。

表6.1　添加葡萄糖和施肥对土壤酶活性影响的双因素方差分析（培养第3天）

项目	βG	NAG	AP	βX	CBH	αG	LAP	PhOx	Perox
Glucose（G）	0.029	0.085	0.190	0.002	0.016	0.001	0.329	0.099	0.352
Nutrients（N）	0.418	0.208	0.000	0.069	0.227	0.045	0.185	0.098	0.607
G×N	0.505	0.666	0.528	0.206	0.453	0.462	0.835	0.815	0.902

注：βG，β-葡萄糖醛酸苷酶；NAG，β-1,4-N-乙酰氨基葡萄糖苷酶；AP，酸性磷酸酶；βX，β-1,4-木糖苷酶；CBH，β-D-1,4-纤维二糖水解酶；αG，α-1,4-葡萄糖苷酶；LAP，亮氨酸氨肽酶；PhOx，酚氧化酶；Perox，过氧化物酶；Glucose，添加葡萄糖处理；Nutrients，施肥（N、P、NP）处理；G×N，添加葡萄糖和施肥交互作用；$P<0.05$表示差异显著。

表6.2 添加葡萄糖及施肥对土壤酶活性影响的双因素方差分析（培养第100天）

项目	βG	NAG	AP	βX	CBH	αG	LAP	PhOx	Perox
Glucose（G）	0.849	0.586	0.083	0.501	0.943	0.062	0.014	0.291	0.720
Nutrients（N）	0.142	0.123	0.005	0.097	0.131	0.081	0.026	0.061	0.164
G×N	0.908	0.997	0.861	0.817	0.974	0.940	0.424	0.328	0.952

注：βG, β-葡萄糖醛酸苷酶；NAG, β-1, 4-N-乙酰氨基葡萄糖苷酶；AP, 酸性磷酸酶；βX, β-1, 4-木糖苷酶；CBH, β-D-1, 4-纤维二糖水解酶；αG, α-1, 4-葡萄糖苷酶；LAP, 亮氨酸氨肽酶；PhOx, 酚氧化酶；Perox, 过氧化物酶；Glucose, 添加葡萄糖处理；Nutrients, 施肥（N、P、NP）处理；G×N, 添加葡萄糖和施肥交互作用；$P<0.05$表示差异显著。

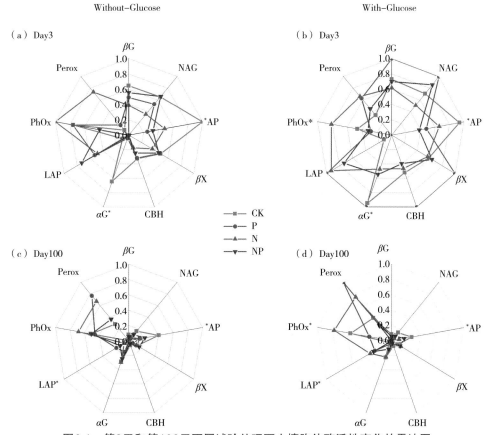

图6.1 第3天和第100天不同试验处理下土壤胞外酶活性变化的雷达图

注：βG, β-葡萄糖醛酸苷酶；NAG, β-1, 4-N-乙酰氨基葡萄糖苷酶；AP, 酸性磷酸酶；βX, β-1, 4-木糖苷酶；CBH, β-D-1, 4-纤维二糖水解酶；αG, α-1, 4-葡萄糖苷酶；LAP, 亮氨酸氨肽酶；PhOx, 酚氧化酶；Perox, 过氧化物酶；Without Glucose, 不添加葡萄糖；With Glucose, 添加葡萄糖；Day3, 培养第3天；Day100, 培养第100天；图中显示的是归一化处理数据；*表示不同试验处理间差异显著（$P<0.05$）。

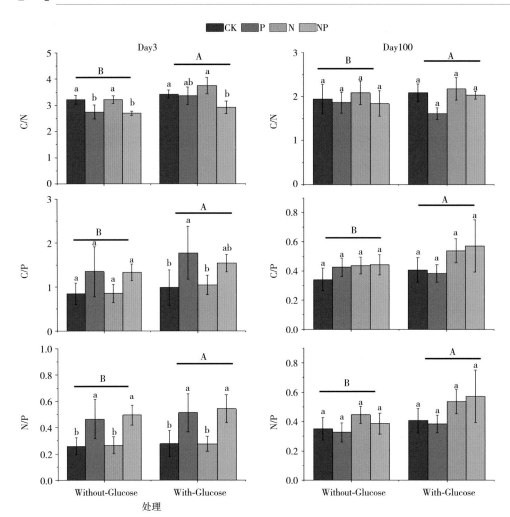

图6.2 培养第3天和第100天土壤碳氮磷水解酶化学计量比

注：C/N，（βG+βX+CBH+αG）/（NAG+LAP）；C/P，（βG+βX+CBH+αG）/AP；N/P，（NAG+LAP）/AP；βG，β-葡萄糖醛酸苷酶；βX，β-1，4-木糖苷酶；CBH，β-D-1，4-纤维二糖水解酶；αG，α-1，4-葡萄糖苷酶；NAG，β-1，4-N-乙酰氨基葡萄糖苷酶；LAP，亮氨酸氨肽酶；AP，酸性磷酸酶；Without-Glucose，未添加葡萄糖；With-Glucose，添加葡萄糖；Day3、Day100分别代表培养第3天、第100天；柱上不同大写字母表示添加葡萄糖与未加葡萄糖之间的差异显著（$P<0.05$）；柱上不同小写字母表示不同施肥处理间差异显著（$P<0.05$）。

（2）土壤细菌和真菌多样性和群落组成　葡萄糖添加及施肥处理没有显著改变细菌和真菌群落的α多样性（图6.3），但是第3天与第100天的细菌群落α多样性不同处理间差异显著，表现出随着培养时间的延长土壤细菌α多样性增加（图6.3a）。

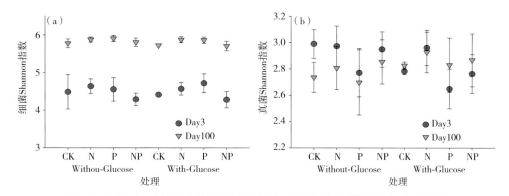

图6.3 不同培养时间不同试验处理对土壤细菌和真菌群落α多样性的影响

注：Without-Glucose，未添加葡萄糖；With-Glucose，添加葡萄糖；Day3、Day100分别代表培养第3天、第100天。

添加葡萄糖及施肥对细菌和真菌群落组成在门水平上的影响如图6.4至图6.7所示。在培养的第3天，添加葡萄糖增加细菌群落中变形菌门的相对丰度，减少浮霉菌门的相对丰度（图6.4）；相应地，真菌群落中子囊菌门和隐真菌门的相对丰度降低，毛霉菌门和担子菌门的相对丰度增加（图6.5）。无论是否添加葡萄糖，施氮和施加氮磷均显著降低变形菌门的相对丰度，而施磷和施加氮磷显著降低蓝藻菌门的相对丰度，所有处理均显著增加疣微菌门的相对丰度（图6.4）。在添加葡萄糖条件下，施磷和施加氮磷显著增加厚壁菌门的相对丰度，施磷增加迷踪菌门的相对丰度（图6.4）。在不添加葡萄糖的条件下，所有施肥处理均显著降低细菌群落中放线菌门的相对丰度（图6.4）。添加葡萄糖显著降低子囊菌门的相对丰度，却增加毛霉菌门的相对丰度（图6.5）。在不添加葡萄糖的条件下，所有施肥处理均降低子囊菌门的相对丰度，施氮和施加氮磷增加毛霉菌门的相对丰度，施氮增加未分类菌，施磷增加壶菌门的相对丰度（图6.5）。

培养100 d后，添加葡萄糖显著增加细菌群落中变形菌门的相对丰度，降低绿湾菌门和拟杆菌门的相对丰度（图6.6）；而真菌群落中子囊菌门的相对丰度显著增加，毛霉菌门和被孢霉门的相对丰度降低（图6.6）。此外，培养第3天和第100天微生物群落也发生显著变化（图6.7）。细菌群落中变形菌门和厚壁菌门相对丰度下降，放线菌门变化不大，其余细菌群落相对丰度均有所增加，并新增两种门类（杂食菌门和俭菌总门）。真菌群落中子囊菌门、毛霉菌门和被孢霉门相对丰度下降，而壶菌门相对丰度增加（图6.7）。

氮磷富集对森林土壤碳积累的差异性影响及其驱动机制

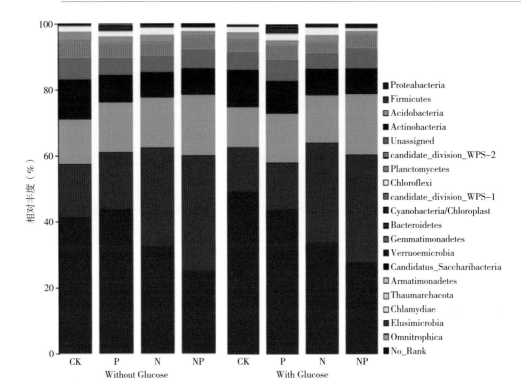

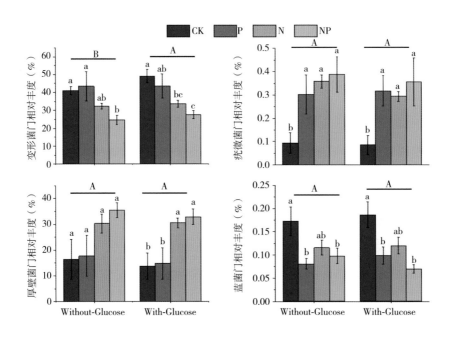

第6章
氮磷富集影响土壤有机质矿化和激发效应的微生物学机制

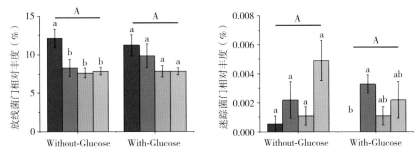

图6.4 培养第3天不同试验处理对细菌群落组成相对丰度的影响（门水平）

注：Proteobacteria，变形菌门；Firmicutes，厚壁菌门；Acidobacteria，酸杆菌门；Actinobacteria，放线菌门；Unassigned 未分类菌门；candidate_division_WPS-2，候选种2；Planctomycetes，浮霉菌门；Chloroflexi，绿弯菌门；candidate_division_WPS-1，候选种1；Cyanobacteria/Chloroplast，蓝藻菌门/叶绿体；Bacteroidetes，拟杆菌门；Gemmatimonadetes，芽单胞菌门；Verrucomicrobia，疣微菌门；Candidatus_Saccharibacteria，单糖菌门；Armatimonadetes，装甲菌门；Thaumarchaeota，奇古菌门；Chlamydiae，衣原体；Elusimicrobia，迷踪菌门；Omnitrophica，杂食菌门；No_Rank，未分类；不同大写字母表示添加葡萄糖之间的差异显著（$P<0.05$）；不同小写字母表示施肥处理之间的差异显著（$P<0.05$）。

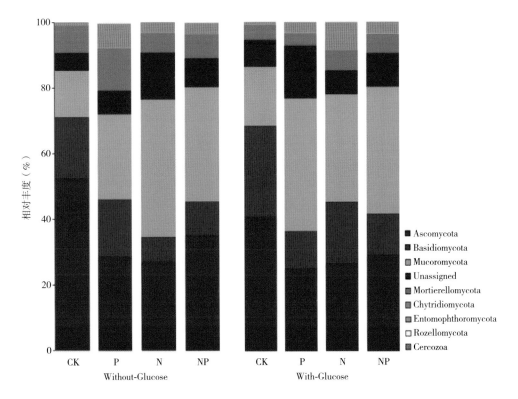

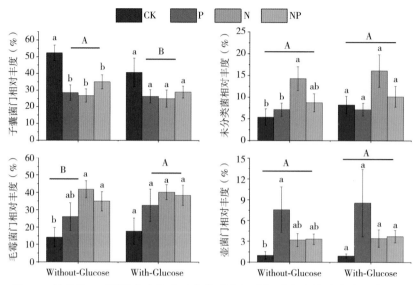

图6.5 培养第3天不同试验处理对真菌群落组成相对丰度的影响（门水平）

注：Ascomycota，子囊菌门；Basidiomycota，担子菌门；Mucoromycota，毛霉菌门；Unassigned，未分类菌门；Mortierellomycota，被孢霉门；Chytridiomycota，壶菌门；Entomophthoromycota，虫霉亚门；Rozellomycota，隐真菌门；Cercozoa，虫门。

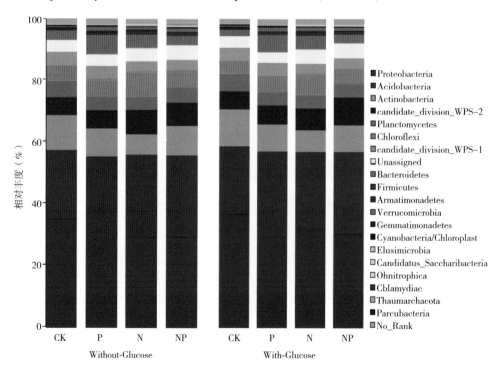

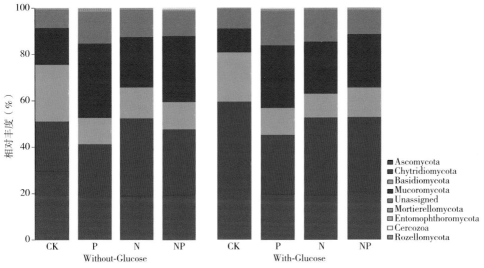

图6.6 培养第100天不同试验处理对细菌和真菌群落组成的影响

注：Proteobacteria，变形菌门；Acidobacteria，酸杆菌门；Actinobacteria，放线菌门；candidate_division_WPS-2，候选种2；Planctomycetes，浮霉菌门；Chloroflexi，绿弯菌门；candidate_division_WPS-1，候选种1；Unassigned未分类菌门；Bacteroidetes，拟杆菌门；Firmicutes，厚壁菌门；Armatimonadetes，装甲菌门；Verrucomicrobia，疣微菌门；Gemmatimonadetes，芽单胞菌门；Cyanobacteria/Chloroplast，蓝藻菌门/叶绿体；Elusimicrobia，迷踪菌门；Candidatus_Saccharibacteria，单糖菌门；Omnitrophica，杂食菌门；Chlamydiae，衣原体；Thaumarchaeota，奇古菌门；Parcubacteria，俭菌总门；No_Rank，未分类；Ascomycota，子囊菌门；Chytridiomycota，壶菌门；Basidiomycota，担子菌门；Mucoromycota，毛霉菌门；Unassigned，未分类菌门；Mortierellomycota，被孢霉门；Entomophthoromycota，虫霉亚门；Cercozoa，虫门；Rozellomycota，隐真菌门。

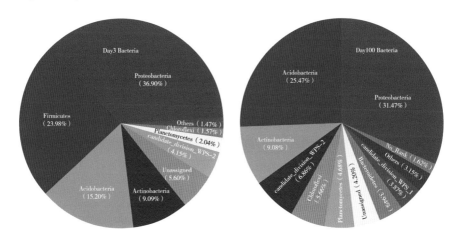

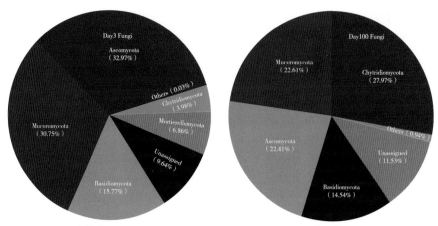

图6.7 培养第3天和第100天对照处理细菌和真菌的群落组成（门水平）

注：Proteobacteria，变形菌门；Firmicutes，厚壁菌门；Acidobacteria，酸杆菌门；Actinobacteria，放线菌门；Unassigned，未分类菌门；candidate_division_WPS-2，候选种2；Planctomycetes，浮霉菌门；Chloroflexi，绿弯菌门；others，其他；Bacteroidetes，拟杆菌门；candidate_division_WPS-1，候选种1；No_Rank，未分类；Ascomycota，子囊菌门；Mucoromycota，毛霉菌门；Basidiomycota，担子菌门；Unassigned未分类菌门；Mortierellomycota，被孢霉门；Chytridiomycota，壶菌门；Day3 Bacteria，培养第3天细菌；Day100 Bacteria，培养第100天细菌；Day3 fungi，培养第3天真菌；Day100 fungi，培养第100天真菌；Bacteroidetes，拟杆菌门；Armatimonadetes，装甲菌门；Verrucomicrobia，疣微菌门；Gemmatimonadetes，芽单胞菌门；Cyanobacteria/Chloroplast，蓝藻菌门/叶绿体；Elusimicrobia，迷踪菌门；Candidatus_Saccharibacteria，单糖菌门；Omnitrophica，杂食菌门；Chlamydiae，衣原体；Thaumarchaeota，奇古菌门；Parcubacteria，俭菌总门；Entomophthoromycota，虫霉亚门；Cercozoa，虫门；Rozellomycota，隐真菌门。

（3）土壤CO_2释放量和PE的主控因子　方差分解（VPA）结果表明，土壤理化性质、微生物群落组成和酶活性的总叠加效应能够解释土壤CO_2释放量变异的100%，三者分别解释CO_2释放量和PE变异的63%、19%和30%（图6.8a～c）。同时，3类因子之间的交互作用可解释CO_2释放量和PE变异的40%（图6.8g）。微生物群落组成和酶活性两类因子之间的交互作用对CO_2释放量和PE变异的解释较低，只占3%（图6.8e），而土壤理化性质与微生物群落组成、酶活性两类因子的交互作用对CO_2释放量和PE变异无显著影响（图6.8d、f）。

冗余分析（RDA）结果表明，土壤基本属性（总碳、总氮、NH_4^+-N和DOC）、微生物群落组成（子囊菌、壶菌、未分类菌、毛霉菌、疣微菌、放线菌和变形菌）及酶（AP和αG）活性对土壤CO_2释放量及PE贡献较大，第1主成分和第2主成分轴分别解释了88.59%和5.25%（图6.9）。通过蒙特卡洛检验预选后，总碳、总氮、DOC、NH_4^+-N、子囊菌、壶菌、疣微菌、放线菌、αG 与土壤CO_2释放量及PE变异显著相关（图6.9，$P<0.05$）。

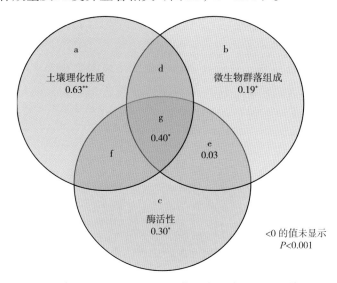

图6.8　方差分解分析土壤理化性质、微生物群落组成、酶活性对土壤CO_2释放量和PE变异的单个效应（a、b、c）和共同效应（d、e、f、g）

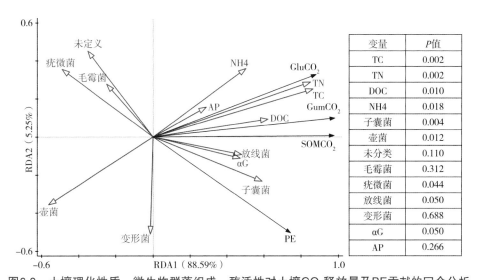

图6.9　土壤理化性质、微生物群落组成、酶活性对土壤CO_2释放量及PE贡献的冗余分析

注：TC，总碳；TN，总氮；DOC，可溶性有机碳；NH4，铵态氮；αG，α-1,4-葡萄糖苷酶；AP，酸性磷酸酶；$GluCO_2$，葡萄糖源CO_2累积释放量；$GumCO_2$，CO_2累积释放量；$SOMCO_2$，SOM源CO_2累积释放量；PE，激发效应。

Pearson相关分析结果显示，各CO_2释放量（CO_2累积释放量、SOM源CO_2累积释放量、葡萄糖源CO_2累积释放量）及PE均与AP、αG、放线菌、子囊菌、总碳、总氮、NH_4^+-N和DOC呈显著正相关，而与疣微菌、毛霉菌、未分类菌和壶菌呈显著负相关（图6.10，$P<0.05$）。AP和αG均与放线菌、子囊菌、总碳、总氮、NH_4^+-N、DOC呈显著正相关。AP与疣微菌、毛霉菌、未分类菌和壶菌呈显著负相关，αG与疣微菌、毛霉菌和未分类菌呈显著负相关（$P<0.05$）。放线菌和子囊菌均与总碳、总氮、NH_4^+-N和DOC呈显著正相关，而与疣微菌、毛霉菌、未分类菌和壶菌呈显著负相关（图6.10，$P<0.05$）。

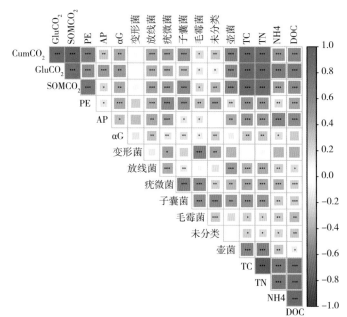

图6.10　CO_2释放量、PE、土壤属性、微生物群落组成、酶活性之间的相关分析

注：$CumCO_2$，CO_2累积释放量；$GluCO_2$，葡萄糖源CO_2累积释放量；$SOMCO_2$，SOM源CO_2累积释放量；PE，激发效应；AP，酸性磷酸酶；αG，α-葡萄糖苷酶；TC，总碳；TN，总氮；NH4，铵态氮；DOC，可溶性有机碳；*表示$P<0.05$；**表示$P<0.01$；***表示$P<0.001$。

6.3.2　温带森林土壤微生物酶活性及群落组成

（1）土壤胞外酶活性　测定第3天和第100天土壤胞外酶活性，结果如图6.11所示。培养第3天，添加葡萄糖显著降低了LAP、PhOx和Perox活性，但显著增加水解酶C/N比。不添加葡萄糖情景下，单施氮显著降低Perox活性（图6.11a，$P=0.06$）。添加葡萄糖后，各处理之间水解酶和氧化酶活性均不显著

（图6.11b）。培养100 d后，添加葡萄糖显著增加所有水解酶（βG、NAG、AP、βX、CBH、αG和LAP）活性，氧化酶活性无显著变化。不添加葡萄糖条件下，氮磷共同添加显著抑制AP和βX活性，单施氮显著增加LAP活性（图6.11c）。添加葡萄糖条件下，只有施氮增加NAG活性（图6.11d）。

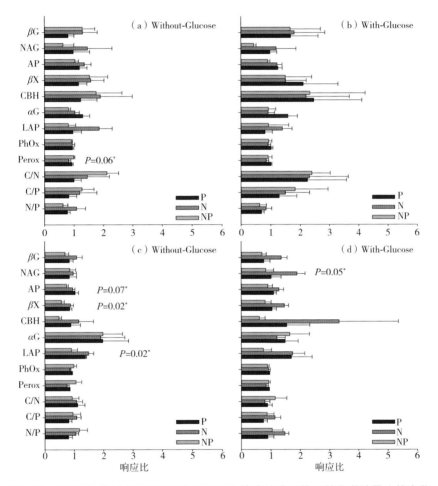

图6.11 第3天和第100天不同试验处理下土壤胞外酶活性及其化学计量比的变化

注：βG，β-葡萄糖醛酸酶；NAG，β-1, 4-N-乙酰氨基葡萄糖苷酶；AP，酸性磷酸酶；βX，β-1, 4-木糖苷酶；CBH，β-D-1, 4-纤维二糖水解酶；αG，α-1, 4-葡萄糖苷酶；LAP，亮氨酸氨肽酶；PhOx，酚氧化酶；Perox，过氧化物酶；C/N，（βG+βX+CBH+αG）/（NAG+LAP）；C/P，（αG+αX+CBH+αG）/AP；N/P，（NAG+LAP）/AP；Without-Glucose，未添加葡萄糖；With-Glucose，添加葡萄糖；响应比为各指标处理与对照的比值，$P<0.1$为统计学上边缘显著。

（2）土壤细菌和真菌群落组成的变化　添加葡萄糖和施肥对细菌和真菌群落组成在门水平上的影响如图6.12至图6.15所示。培养第3天，添加葡萄糖后，仅变形菌门的相对丰度显著增加，而酸杆菌门、芽单胞菌门、候选种1、候选种2、奇古菌门、硝化螺旋菌门、装甲菌门、匿杆菌门、迷踪菌门的相对丰度显著下降（图6.12）。真菌群落中子囊菌门和隐真菌门的相对丰度显著减少；而毛霉菌门、担子菌门和未分类门的相对丰度显著增加（图6.13）。无论是否添加葡萄糖，各处理对细菌群落多样性和组成均无显著影响。不添加葡萄糖条件下，所有施肥处理均降低子囊菌门的相对丰度，施氮和施加氮磷增加毛霉菌门的相对丰度，单施氮增加未分类菌的相对丰度，单施磷增加壶菌门的相对丰度（图6.13）。

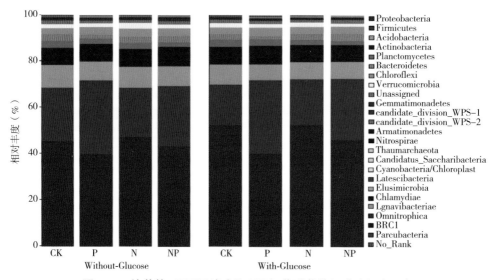

图6.12　培养第3天不同试验处理下细菌群落的组成（门水平）

注：Proteobacteria，变形菌门；Firmicutes，厚壁菌门；Acidobacteria，酸杆菌门；Actinobacteria，放线菌门；Planctomycetes，浮霉菌门；Bacteroidetes，拟杆菌门；Chloroflexi，绿弯菌门；Verrucomicrobia，疣微菌门；Unassigned未分类菌门；Gemmatimonadetes，芽单胞菌门；candidate_division_WPS-1，候选种1；candidate_division_WPS-2，候选种2；Armatimonadetes，装甲菌门；Nitrospirae，硝化螺旋菌门；Thaumarchaeota，奇古菌门；Candidatus_Saccharibacteria，单糖菌门；Cyanobacteria/Chloroplast，蓝藻菌门/叶绿体；Latescibateria，匿杆菌门；Elusimicrobia，迷踪菌门；Chlamydiae，衣原体；Lgnavibacteriae，鳞翅目杆菌门；Omnitrophica，杂食菌门；BRC1，未命名；Parcubacteria，俭菌总门；No_Rank，未分类。

第6章
氮磷富集影响土壤有机质矿化和激发效应的微生物学机制

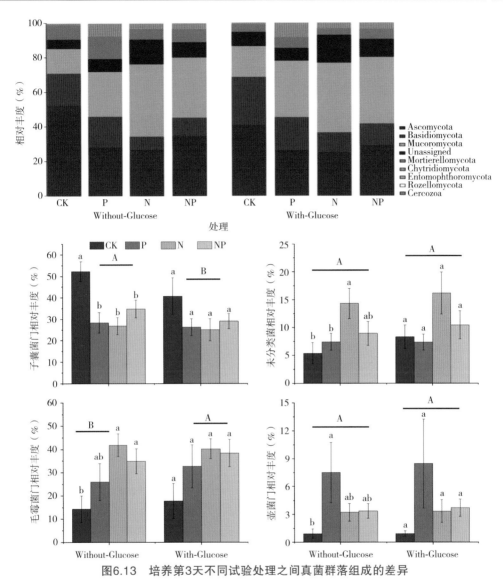

图6.13 培养第3天不同试验处理之间真菌群落组成的差异

注：Ascomycota，子囊菌门；Basidiomycota，担子菌门；Mucoromycota，毛霉菌门；Unassigned，未分类菌门；Mortierellomycota，被孢霉门；Chytridiomycota，壶菌门；Entomophthoromycota，虫霉亚门；Rozellomycota，隐真菌门；Cercozoa，虫门；柱上不同大写字母表示添加葡萄糖与未添加葡萄糖之间的差异显著（$P<0.05$）；柱上不同小写字母表示施肥处理间的差异显著（$P<0.05$）。

培养100 d后，添加葡萄糖显著降低厚壁菌门、放线菌门、浮霉菌门和奇古菌门的相对丰度；但是显著增加酸杆菌门、拟杆菌门、疣微菌门和候选种2的相对丰度（图6.14），真菌群落中子囊菌的相对丰度显著增加，毛霉菌门和被孢霉菌门的相对丰度显著下降（图6.15）。添加葡萄糖条件下，施加氮磷降低浮霉菌门的相对丰度，各施肥处理均显著降低蓝藻门的相对丰度（图6.14）。无论是否添加葡萄糖，各施肥处理均显著降低子囊菌门的相对丰度。不添加葡萄糖条件下，单施氮显著增加被孢霉门的相对丰度（图6.15）。

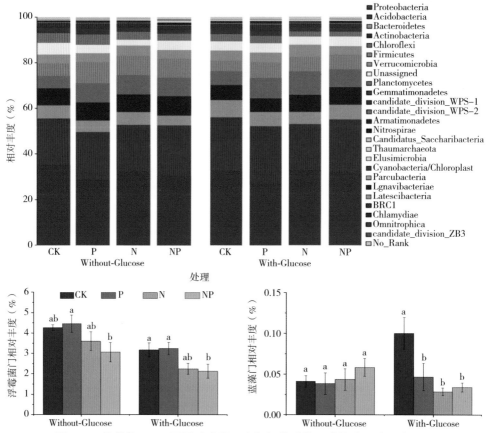

图6.14 培养第100天不同试验处理之间细菌群落组成的差异（门水平）

注：Proteobacteria，变形菌门；Acidobacteria，酸杆菌门；Bacteroidetes，拟杆菌门；Actinobacteria，放线菌门；Chloroflexi，绿弯菌门；Firmicutes，厚壁菌门；Verrucomicrobia，疣微菌门；Unassigned未分类菌门；Planctomycetes，浮霉菌门；Gemmatimonadetes，芽单胞菌门；candidate_division_WPS-2，候选种2；candidate_division_WPS-1，候选种1；Armatimonadetes，装甲菌门；Nitrospirae，硝化螺旋菌门；Candidatus_Saccharibacteria，单糖菌门；Thaumarchaeota，奇古菌门；Elusimicrobia，迷踪菌门；Cyanobacteria/Chloroplast，蓝藻菌门/叶绿体；Parcubacteria，俭菌总门；Lgnavibacteriae，鳞翅目菌门；Latescibateria，匿杆菌门；BRCL，未命名；Chlamydiae，衣原体；Omnitrophica，杂食菌门；candidate-division-ZB3，候选分类ZB3；No_Rank，未分类；Without-Glucose，未添加葡萄糖；With-Glucose，添加葡萄糖；柱上不同小写字母表示各施肥处理间差异显著（$P<0.05$）。

第6章
氮磷富集影响土壤有机质矿化和激发效应的微生物学机制

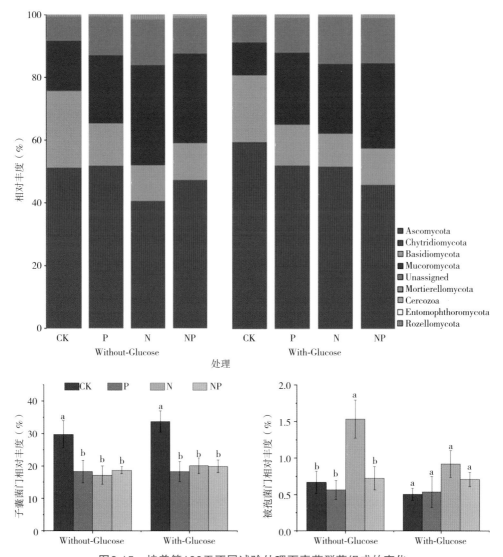

图6.15 培养第100天不同试验处理下真菌群落组成的变化

注：Ascomycota，子囊菌门；Chytridiomycota，壶菌门；Basidiomycota，担子菌门；Mucoromycota，毛霉菌门；Unassigned，未分类菌门；Mortierellomycota，被孢霉门；Cercozoa，虫门；Entomophthoromycota，虫霉亚门；Rozellomycota，隐真菌门；Without-Glucose，未添加葡萄糖；With-Glucose，添加葡萄糖；柱上不同小写字母表示各施肥处理间差异显著（$P<0.05$）。

冗余分析（RDA）结果表明，土壤基本属性（NO_3^--N和DOC）、微生物群落组成（子囊菌、壶菌、未分类菌、毛霉菌、被孢霉门、浮霉菌和蓝藻门）

及酶（βX、NAG、LAP、AP和Perox）活性对土壤CO_2累积释放量和PE均有明显的贡献，第1主成分和第2主成分分别解释了91.16%和0.14%的变异（图6.16）。其中，通过蒙特卡洛检验预选后，AP、NAG、βX、壶菌门、浮霉菌、被孢霉门、蓝藻门、LAP、子囊菌与土壤CO_2释放量及PE之间显著相关（图6.16，$P<0.05$）。

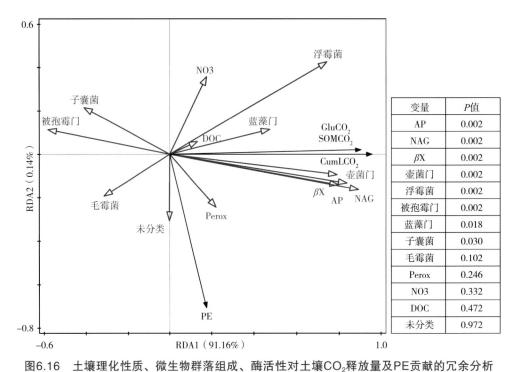

图6.16　土壤理化性质、微生物群落组成、酶活性对土壤CO_2释放量及PE贡献的冗余分析

注：AP，酸性磷酸酶；NAG，β-1,4-N-乙酰氨基葡萄糖苷酶；βX，β-1,4-木糖苷酶；NO3，硝态氮；DOC，可溶性有机碳；Perox，过氧化物酶；$CumCO_2$，CO_2累积释放量；$GluCO_2$，葡萄糖源CO_2累积释放量；$SOMCO_2$，SOM源CO_2累积释放量；PE，激发效应。

Pearson相关分析表明，不同来源CO_2释放量（总CO_2累积释放量、SOM源CO_2释放量、葡萄糖源CO_2释放量）均与AP、βX、NAG、浮霉菌、蓝藻门和壶菌门呈显著的正相关关系，而与LAP、子囊菌、毛霉菌、被孢霉门呈显著的负相关关系（图6.17，$P<0.01$）。PE仅与LAP和子囊菌显著负相关（图6.17，$P<0.05$）。AP、βX和NAG均与浮霉菌、蓝藻门和壶菌门呈显著正相关关系，而与子囊菌、被孢霉门显著负相关（图6.17，$P<0.001$）。LAP与子囊

菌、被孢霉门显著正相关，而与浮霉菌、蓝藻门和壶菌门呈显著的负相关关系（图6.17，$P<0.05$）。

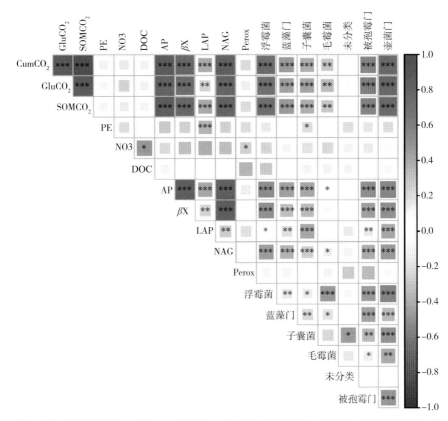

图6.17 CO_2释放量、PE、土壤属性、微生物群落组成、酶活性之间的相关关系

注：$CumCO_2$，CO_2累积释放量；$SOMCO_2$，SOM源CO_2释放量；PE，激发效应；NO3，硝态氮；DOC，可溶性有机碳；AP，酸性磷酸酶；βX，β-1,4-木糖苷酶；LAP，亮氨酸氨肽酶；NAG，β-1,4-N-乙酰氨基葡萄糖苷酶；Perox，过氧化物酶；*表示$P<0.05$；**表示$P<0.01$；***表示$P<0.001$。

6.3.3 亚热带人工林和温带森林土壤酶活性和微生物群落组成的差异

对比研究了不同培养阶段两个森林对照处理下土壤酶活性。在培养初期，无论是否添加葡萄糖，除LAP外，其他土壤水解酶（βG、NAG、AP、βX、CBH和αG）活性亚热带人工林土壤均显著高于温带森林土壤；而温带森林土壤氧化酶（PhOx和Perox）活性显著高于亚热带人工林。酶活性化学计量比表现为亚热带人工林C/P比和N/P比均显著高于温带森林。培养100 d后，温带森林土壤水解酶（βG、NAG、AP和βX）、氧化酶（PhOx和Perox）活性以及酶活性C/N比显著高于亚热带人工林，而土壤酶活性C/P比和N/P比显著低于亚热带人工林。

对照样方中，两个森林土壤门水平上细菌和真菌群落组成差异明显。亚热带人工林土壤细菌群落在门水平上共检测出21个物种，而温带森林检测出25个；真菌群落门水平上均为9个物种。两个森林土壤细菌群落前4个物种均为变形菌门（41%～52%）、厚壁菌门（14%～23%）、酸杆菌门（9%～13%）和放线菌门（7%～12%）；而真菌群落前4个物种均为子囊菌门（40%～52%）、担子菌门（19%～28%）、毛霉菌门（14%～18%）和未分类菌门（5%～8%）。

6.4 讨论

6.4.1 氮磷富集对亚热带人工林土壤PE影响的微生物学机制

在本研究中，添加葡萄糖显著促进亚热带季风常绿阔叶林SOM矿化，在培养初期产生明显的正激发，主要是由于刺激了土壤酶活性（图6.1，Fontaine et al., 2003）。在不添加葡萄糖条件下，施肥均抑制AP活性。施磷抑制了AP活性证实了微生物"资源分配理论"，即施磷增加磷素有效性，进而增加微生物对其他养分的需求。施磷及施加氮磷处理C/N比下降而N/P比增加，也证实了微生物的资源分配向获取氮转变（Blagodatskaya and Kuzyakov, 2008）。此外，在培养初期水解酶C/N比、C/P比、N/P比显著增加，表明微生物获取碳多于获取氮磷，暗示着微生物更加受碳限制。此外，在培养初期，添加葡萄糖处理下细菌群落中变形菌门的相对丰度增加，而浮霉菌门减少（图6.4）；真菌群落中子囊菌门和隐真菌门的相对丰度降低，毛霉菌和担子菌门相对丰度增加（图6.5）。微生物分解SOM产生的共代谢是一种寻常的微生物代谢策略，可用来解释正激发效应（Kuzyakov et al., 2000；Fontaine et al., 2003）。此外，随着活性有机质的分解耗尽，能量和养分的释放速率、微生物种群规模以及酶的产生速率均会下降（Joshi et al., 1993）。在最初活性碳输入后，酶活性先增加后减少，伴随着活性碳分解菌也先增加后减少（Fontaine et al., 2003）。因此，SOM矿化取决于新输入碳的可利用性以及由此驱动的土壤微生物降解活性（Perveen et al., 2019）。

Pearson相关分析表明，培养初期（第3天）不同来源CO_2累积释放量和PE

与土壤NH_4^+-N、DOC、微生物群落组成和酶活性关系密切（表6.10）。此外，DOC和NH_4^+-N分别与放线菌、子囊菌显著正相关，而与疣微菌、毛霉菌、未分类、壶菌显著负相关（图6.10）。上述结果表明，长期施肥通过改变土壤属性、微生物和酶活性，进而改变PE的强度（Blagodatskaya and Kuzyakov，2008；Wu et al.，2019）。一些研究表明，放线菌作为G+细菌在有机物周转进程中起着至关重要的作用，包括对纤维素和几丁质的分解（Ali et al.，2019）。长期施氮显著改变土壤属性和微生物群落组成（表5.1；图6.4至图6.5），进而改变介导土壤碳循环的微生物生长、酶活性和PE强度（Rousk et al.，2016；Li et al.，2017）。研究结果暗示着未来氮素富集条件下根系分泌引起的PE与土壤生化要素、微生物群落组成密切相关（Perveen et al.，2019）。长期施肥对土壤微生物群落的影响是土壤理化性质改变的间接结果（Gul et al.，2015；Lucheta et al.，2016），氮富集诱导土壤微生物群落组成发生变化，会进一步改变土壤微生物群落的功能。由于土壤微生物群分泌酶具有特异性，微生物群落组成的改变势必影响酶的产生与合成，进而影响SOM及其组分的分解（Koranda et al.，2014）。此外，PE和土壤总碳含量呈正相关关系（图6.10），表明SOM数量限制着SOM的矿化作用。在不同空间和时间尺度上，"化学计量分解"理论和"微生物养分挖掘"作用根据土壤碳氮有效性的不同分别或同时进行（Cheng and Kuzyakov，2005）。本研究结果表明，"偏好利用""化学计量分解""共代谢"理论驱动分解初期的PE，而"微生物养分挖掘"作用驱动着后期的PE。

6.4.2 氮磷富集对温带森林土壤PE影响的微生物学机制

酶对复杂分子的解聚反应生成CO_2是土壤碳释放的主要方式。胞外酶通过水解或氧化过程降解有机碳，其分解速率是土壤碳循环速率的限制步骤（Bengtson and Bengtsson，2007）。本研究表明，不同来源CO_2释放量与水解酶（AP、βX、NAG）显著正相关（图6.17）。一般来说，大多数土壤微生物受能量限制，处于休眠和活跃的生理状态之间（Stenström et al.，2001）。当活性碳进入土壤后，一部分微生物会被激活；微生物生长和酶活性增加伴随着微生物对营养物质需求的增加（Cheng，2009）。然而，我们在温带森林土壤中并未观测到这一结果。相反，在培养初期，添加葡萄糖显著降低LAP和氧化酶（PhOx和Perox）活性。培养100 d后，添加葡萄糖各种水解酶活性显著增加，表明活性碳输入对土壤微生物的影响可能存在"滞后"效应。

在培养初期，不添加葡萄糖条件下，施氮显著降低总CO_2累积释放量和SOM源CO_2释放量（图5.6B）。施氮显著降低Perox活性和子囊菌门相对丰度（图6.11a）。一些研究也发现，氮添加通常会直接抑制氧化酶活性，减慢惰性化合物的分解（Waldrop et al.，2004a；Pregitzer et al.，2008）。因此，在碳充足而养分贫乏的生态系统中，由于养分缺乏，微生物须从难分解有机质库中获取氮或磷。根据"微生物养分挖掘"作用，养分缺乏可能会增加胞外酶的产生，用来获取SOM中的养分（Craine et al.，2007）。在添加葡萄糖条件下，施氮增加了土壤微生物NAG活性（图6.11d），暗示着微生物从SOM中获取氮以满足自身生长的需要（Chen et al.，2017）。

微生物群落多样性深刻地影响着生态系统的稳定性、生产力以及对环境胁迫的适应性（Zheng et al.，2016）。本研究发现，5 a氮磷添加以及活性碳输入均未显著改变温带森林土壤细菌和真菌α多样性。类似地，Eo和Park（2016）研究也发现，施肥仅仅改变细菌群落的组成，而对细菌群落的多样性影响较小。被孢霉门属于快速生长的腐殖质真菌，主要利用简单的可溶性底物，与土壤中较高的纤维素含量密切相关（Li et al.，2017）。这些快速生长的腐生真菌可能利用许多简单的可溶性底物，从而导致CO_2排放增加。Qin等（2020）报道，氮添加处理下浮霉菌门与SOC含量呈显著负相关关系；从另一个角度证实了浮霉菌门会促进土壤总CO_2释放量，因为特定的浮霉菌种参与有机质的降解（Sagova-Mareckova et al.，2016）。

6.4.3 氮磷富集条件下亚热带人工林和温带森林土壤酶活性及微生物群落组成的响应差异

在培养初期，除LAP外，亚热带人工林土壤水解酶（βG、NAG、AP、βX、CBH和αG）活性均显著高于温带森林。在养分较为丰富的温带森林微生物不必分泌结合能力高的酶，而在底物缺乏的亚热带人工林则需要分泌相应的酶去降解底物（Zhang et al.，2017）。通过对比不同地带性森林，发现高纬度的温带森林土壤惰性化合物（如木质素）含量高于低纬度的亚热带人工林（Kohl et al.，2017）。此外，亚热带常绿阔叶林植物凋落物C/N比低于温带针阔混交林的C/N比，植物C/N比高暗示SOM化学结构更加复杂且难以解聚，进而降低土壤酶对植物凋落物的可接触性（Sun et al., 2018）。而温带森林的氧化酶活性显著高于亚热带人工林，可能是由于土壤水解酶主要负责分解活性组分，其扩散以及与酶的碰撞比在惰性组分中更依赖于水分（Steinweg et al., 2013）。温带森林土壤酶与底物的结合程度以及酶促催化效率一般低于亚热带人工林土壤（刘霜等，2018）。潜在的原因：温带森林淋溶土比表面积大的粉黏粒（<53 μm）含量高于亚热带，酶与底物反应面积更大，有机质矿化更强。亚热带人工林老成土中大团聚体（>250 μm）含量更高，透气性更强，温带森林和亚热带人工林土壤底物中碳与养分的有效性不同决定其相应的酶活性（Zhang et al., 2018）。亚热带人工林土壤微生物生长受到能量和营养的抑制效应一般比温带森林更强，自然选择导致更有效的微生物群落产生底物亲和力较高的酶，进而产生更少的酶（Stone et al., 2014）。

虽然土壤中存在很多微生物类群，但是只有少数支配着SOM资源，大多数处于休眠状态（Swift et al., 1979）。本研究中，两个森林土壤细菌和真菌群落门水平上前4个物种分别占总比例的85%和98%。然而，当养分或新鲜有机碳输入后，许多休眠种群迅速活化受到激发，处于"饥饿状态"的物种迅速生长并且活性提高，特异性地利用新底物（de Nobili et al., 2001）。只要添加足够的底物，便会导致微生物群落组成发生显著变化（Griffiths et al., 1999）。本研究发现两个森林土壤细菌群落组成在培养100 d后发生了显著变化。快速增长的r策略型微生物易受低亲和力的底物（活性碳）的刺激，而增长缓慢的K策略型微生物在资源受限情况下对较高亲和力的底物（惰性化合物）更有竞争力（Loeppmann et al, 2016）。因此，在森林生态系统养分由贫瘠向富集转变过程中微生物群落由K策略型向r策略型转变（Zhang et al., 2018）。在底物充足条件下微生物不需要高亲和力底物来保持高催化效率，但在底物缺乏条件下微生物则会增加酶的底物亲和力（Tischer et al., 2015）。

6.5 本章小结

本章探讨了长期氮磷添加和活性碳输入影响亚热带人工林和温带森林生态系统PE的微生物学机制。研究结果表明，活性碳输入引起亚热带人工林SOM矿化加速，正激发效应可由"协同代谢"理论解释；在活性碳输入条件下，氮添加抑制亚热带人工林SOM矿化和激发效应，可由"偏好利用"理论解释。

活性碳及氮素共同输入促进温带森林土壤激发效应，可由"微生物养分挖掘"作用解释。此外，在活性碳输入及氮磷富集条件下，亚热带人工林和温带森林SOM矿化的微生物学机制差异取决于土壤属性（初始氮状况）、微生物群落（r策略型细菌和K策略型细菌）及酶活性（水解酶和氧化酶）等。

第 7 章　结论和展望

7.1　主要结论

本研究围绕"氮磷富集对森林土壤碳积累的差异性影响及其驱动机制"这一科学命题，基于我国东部南北森林样带长期多形态、多剂量增氮控制试验和氮磷添加控制试验平台，构建室内^{13}C标记葡萄糖培养试验，综合运用SOM物理分组、能谱（^{13}C-CP/MASYNMR和Py-GC/MS）、土壤生物化学（PLFA、酶活性）以及微生物分子生态学（高通量测序）等方法，重点研究了氮素形态和剂量对南北典型森林SOC组成、来源、降解程度和化学稳定性的影响，阐明了氮素富集条件下森林SOM积累与稳定的演变机理。同时，探讨了氮磷富集及其交互作用对不同森林原SOC矿化过程的影响（激发效应），阐明了功能微生物群落与土壤碳动态之间的耦联关系，揭示了氮磷富集和氮磷失衡条件下土壤碳截存与损耗的微生物学机制。主要结论如下。

（1）氮素形态和剂量对典型森林SOC数量和质量的影响　研究了亚热带人工林和寒温带针叶林SOC库数量和质量对多形态、多剂量氮添加的响应。研究结果表明，施氮4 a没有显著改变亚热带人工林土壤总有机碳库，施加高剂量的硝态氮肥显著增加了慢性SOC库，促进土壤微团聚体的形成。寒温带针叶林SOC库对增氮的响应取决于施氮形态，施加铵态氮肥显著降低有机层土壤总SOC含量，而施加硝态氮肥显著增加有机层和矿质层SOC含量。就SOM的分子组成和化学结构而言，施氮只改变亚热带人工林土壤惰性有机碳库的分子组成，增加其生物可降解性，不利于SOC的长期截存。氮素形态差异性地影响寒温带针叶林SOM的分子组成，施加铵态氮肥显著增加重组中惰性化合物的比例，而施加硝态氮肥显著增加轻组中活性化合物的比例。此外，自然状态下两个森林SOC含量和SOM化学结构差异显著，与区域的气候条件、植被及土壤类型密切相关。

（2）氮素富集条件下典型森林SOC截存的生物化学与微生物学机制　研究了氮素富集对介导SOC转化的微生物群落组成的影响，探讨了微生物群落与SOC动态之间的关联。研究结果表明，施加高剂量的硝态氮肥导致亚热带人工林土壤NO_3^--N显著积累，土壤酸化加剧，但是没有显著改变土壤微生物群落组成。微生物主要参与SOM中活性化合物的累积与消耗，G+细菌是亚热带人工林SOC含量的主导微生物群落。施加铵态氮肥增加寒温带针叶林土壤NH_4^+-N输入，诱导土壤微生物群落从细菌向真菌转变，进而减少DOC的产生。相反，施加硝态氮肥导致土壤NO_3^--N显著累积，虽然没有显著改变土壤微生物群落组成，但是显著改变活性化合物含量，进而降低SOM的分解速率。未来的陆地生态系统模型需要考虑氮素形态和剂量对SOC分配、微生物群落组成和SOM化学稳定性的差异性影响。

（3）氮磷富集对SOM矿化和激发效应的影响　基于长期氮磷添加控制试验，研究了活性碳输入对亚热带人工林和温带森林土壤激发效应的差异性影响。研究结果表明，活性碳输入显著促进亚热带季风常绿阔叶林SOM矿化，产生正激发效应；长期氮素富集会显著减弱亚热带季风常绿阔叶林SOM矿化，抑制其激发效应。温带针阔混交林SOM矿化对活性碳输不敏感，在培养初期产生负激发效应。长期氮素富集条件下活性碳输入显著促进温带针阔混交林SOM矿化，产生正激发效应。总之，活性碳输入量与微生物生物量之间的密切关系决定着激发效应的强度和方向。同时，在以后关于激发效应的研究中应考虑长期氮磷富集尤其氮元素及活性碳共同输入对其的交互效应。

（4）氮磷富集影响SOM矿化及激发效应的微生物学机制　探讨了长期氮磷添加及活性碳输入影响亚热带人工林和温带森林生态系统激发效应的微生物学机制。研究结果发现，活性碳输入明显刺激亚热带人工林土壤微生物水解酶活性及r策略型微生物种群，进而加速有机质分解并产生正激发效应。氮素富集通过改变土壤属性（NH_4^+-N含量降低）影响微生物群落组成及酶活性，进而降低亚热带人工林SOM矿化及激发效应。单独氮素添加通过抑制温带森林土壤过氧化物酶及K策略型微生物种群而减少CO_2排放。然而，氮素和活性碳共同输入通过促进温带森林NAG活性而对有机质中养分进行挖掘，进而促进激发效应。本研究强调了影响两个森林SOM矿化及激发效应的因素主要包括土壤初始氮状况、微生物酶活性（水解酶和氧化酶）以及特定微生物种群。

7.2 主要创新点

（1）内容设计方面　围绕"氮磷富集对森林土壤碳积累的差异性影响及其驱动机制"这一前沿科学命题，选择碳、氮、磷底物有效性迥异的南方和北方4种典型森林生态系统为研究对象，基于多形态、多剂量氮素添加及氮、磷添加控制试验平台，对比研究南北典型森林SOM组成与稳定性、SOC矿化及功能微生物群落动态对氮磷富集的响应规律，系统揭示了氮磷富集条件下森林土壤碳截存演变的生物驱动机制。本书的亮点主要体现在：率先区分了氧化态NO_3^--N和还原态NH_4^+-N以及矿质态氮和磷对森林土壤碳循环关键过程和功能微生物群落的差异性影响，推进了陆地生态系统碳-氮-磷耦合循环的研究，并可为陆地生态系统碳-氮-磷耦合循环模型的完善提供参数验证。

（2）研究方法方面　联合使用SOM物理分组、Py-GC/MS和^{13}CCP/MAS NMR 3种方法，精细解读了不同氮素氮磷对SOM组成、来源、降解程度和稳定性的影响，揭示了不同形态和剂量形态添加条件下SOC迁移、积累与稳定的生物化学机制；结合稳定同位素示踪和高通量测序方法，将土壤碳转化过程与功能微生物群落组成真正地耦联起来，揭示了氮磷富集条件下SOC截存与损耗的微生物学机制。

7.3 研究不足与展望

7.3.1 研究不足

首先，在开展不同森林SOC库储量、组成和化学结构对氮素添加的响应研究时，只进行了生长季单次采样，不能反映SOC数量和质量的季节变化，样本量偏少可能增加研究结果的不确定性。此外，由于研究的工作量较大，只采集了有机层和0~10 cm矿质层的土壤样品，没有考虑到深层土壤碳转化、碳动态对氮沉降增加的响应，对表层土壤影响的结论不能简单延伸至整个土壤剖面，避免一叶障目不见泰山。

其次，在开展氮磷富集条件下活性有机质输入对原SOC激发效应的影响研究时，添加^{13}C标记葡萄糖代表根系分泌的活性有机质，类型单一且所占比例较少。在陆地生态系统中，根系分泌物成分复杂、性质各异，用添加葡萄糖来模拟真实根系分泌物的真实性还有待进一步验证，所得结果存在很大的不确定性，所得结论拓展至现实生态系统时需谨慎。此外，自然生态系统中活性有机质一般是常年或生长季持续输入，本研究采用的是单次添加方式，在一定程度上未能真实模拟野外凋落物原位分解及根系周转对激发效应的影响。

再次，培养试验将培养箱温度和湿度控制为恒温和恒湿，没有考虑野外温度的昼夜节律，采用室内传统的碱液吸收法无法避免取样时温度和湿度的不断变化；而且，该方法的测定时间尺度以天或周计，可能会忽略激发效应的重要阶段（如脉冲式释放），导致观测只能反映某一个特定时期的有机碳分解过程。

最后，在探讨介导有机质周转的微生物学机制时，尽管已经对添加活性有机质进行了标记，但是对直接以该基质为碳源满足自身新陈代谢和生长需要的微生物功能群未进行区分。土壤微生物群落组成复杂，存在功能冗余，并不是所有微生物都参与了SOM的分解和转化；虽明确了不同微生物类群的相对贡献，但真正的"元凶"尚未找到。

7.3.2 研究展望

针对上述研究的不足，在未来研究中亟须重点关注以下3个方面。

首先，关于氧化态NO_3^--N和还原态NH_4^+-N对典型森林SOC库的差异性影响，目前研究只局限于表层土壤，缺乏对植物根系、地上生物量的同步监测；由于地上植被和地下根系对氮磷富集的响应各异，下一步的工作需对土壤剖面以及整个生态系统碳储量进行同步测定，方可得出一个系统性的研究结论。

其次，在底物质量与微生物群落交互作用方面，本研究采用异位采样测定，并独立探讨了SOM化学结构和微生物群落组成，缺乏针对性和对过程动态的理解。未来的研究应该以植物-土壤-微生物系统为研究对象，构建^{13}C-CO_2脉冲标记试验，阐明氮磷富集对植物新同化碳的分配规律和微生物活性的影响；同时采用^{13}C DNA/RNA-SIP技术鉴定出利用根际沉积碳的主要微生物类群，结合SOM的分子组成和化学结构测定，探讨氮磷富集条件下土壤分解

第7章
结论和展望

菌群落变化与SOM动态之间的耦合作用机制。

最后，虽然本研究利用^{13}C标记的葡萄糖模拟了根系分泌物输入对原SOC激发效应的影响，对结果有了初步的认识，但是仍然不够深入和全面。未来研究中，通过添加^{13}C标记的不同活性底物（如葡萄糖、氨基酸、纤维素）和矿质态氮磷肥，构建底物质量和养分添加完全交互的激发效应培养试验，模拟研究氮磷富集条件下根系分泌物和植物残体输入对不同深度SOC周转的影响，量化氮磷富集对微生物群落碳利用效率和周转速率的影响，评估底物的激发效应对典型森林SOC动态的贡献，明晰底物可利用性与土壤微生物群落功能之间的互作机制。

参考文献

方华军, 程淑兰, 于贵瑞, 等, 2015. 森林土壤氧化亚氮排放对大气氮沉降增加的响应研究进展[J]. 土壤学报, 52(2): 262-271.

方华军, 程淑兰, 于贵瑞, 2007. 森林土壤碳、氮淋失过程及其形成机制研究进展[J]. 地理科学进展, 26(3): 31-39.

方华军, 耿静, 程淑兰, 等, 2019. 氮磷富集对森林土壤碳截存的影响研究进展[J]. 土壤学报, 56(1): 1-11.

胡艳玲, 韩士杰, 李雪峰, 等, 2009. 长白山原始林和次生林土壤有效氮含量对模拟氮沉降的响应[J]. 东北林业大学学报, 37(5): 36-38.

李海鹰, 2007. 实验室培养下中国亚热带和温带土壤有机碳分解特征的研究[D]. 南京: 南京农业大学.

刘霜, 张心昱, 杨洋, 等, 2018. 温度对温带和亚热带森林土壤有机碳矿化速率及酶动力学参数的影响[J]. 应用生态学报, 29(2): 43-440.

刘蔚秋, 刘滨扬, 王江, 等, 2010. 不同环境条件下土壤微生物对模拟大气氮沉降的响应[J]. 生态学报, 30(7): 19-26.

邵月红, 潘剑君, 孙波, 2005. 长期施用有机肥对瘠薄红壤有效碳库及碳库管理指数的影响[J]. 土壤通报, 36(2): 177-180.

王春燕, 2016. 中国东部森林土壤有机碳组分的纬度格局及其影响因素[D]. 重庆: 西南大学.

王绍强, 周成虎, 李克让, 等, 2000. 中国土壤有机碳库及空间分布特征分析[J]. 地理学报, 67(5): 533-544.

王效科, 冯宗炜, 欧阳志云, 2001. 中国森林生态系统的植物碳储量和碳密度研究[J]. 应用生态学报, 12(1): 13-16.

徐仁扣, 2015. 土壤酸化及其调控研究进展[J]. 土壤, 47(2): 238-244.

杨钙仁, 童成立, 张文菊, 等, 2005. 陆地碳循环中的微生物分解作用及其影响因素[J]. 土壤通报, 36(4): 142-146.

参考文献

张城, 王绍强, 于贵瑞, 等, 2006. 中国东部地区典型森林类型土壤有机碳储量分析[J]. 资源科学, 28(2): 97-103.

周萍, 潘根兴, PICCOLO A, 等, 2011. 南方典型水稻土长期试验下有机碳积累机制研究Ⅳ. 颗粒有机质热裂解-气相-质谱法分子结构初步表征[J]. 土壤学报, 48(1): 112-124.

A'BEAR A, JONES T, KANDELER E, et al., 2014. Interactive effects of temperature and soil moisture on fungal-mediated wood decomposition and extracellular enzyme activity [J]. Soil Biology & Biochemistry, 70: 151-158.

ABELENDA M, BUURMAN P, ARBESTAIN M, et al., 2011. Comparing NaOH-extractable organic matter of acid forest soils that differ in their pedogenic trends: a pyrolysis-GC/MS study [J]. European Journal of Soil Science, 62(6): 834-848.

ADAMCZYK B, SIETIO O, STRAKOVA P, et al., 2019. Plant roots increase both decomposition and stable organic matter formation in boreal forest soil [J]. Nature Communications, 10: 3982-3989.

ÅGREN G, BOSATTA E, MAGILL A H, 2001. Combining theory and experiment to understand effects of inorganic nitrogen on litter decomposition [J]. Oecologia, 128(1): 94-98.

ALI N, KHAN S, LI Y, et al., 2019. Influence of biochars on the accessibility of organochlorine pesticides and microbial community in contaminated soils [J]. Science of the Total Environment, 647: 551-560.

ALLISON S, CZIMCZIK C, TRESEDER K, 2008. Microbial activity and soil respiration under nitrogen addition in Alaskan boreal forest [J]. Global Change Biology, 14(5): 1156-1168.

ANDREETTA A, MACCI C, GIANSOLDATI V, et al., 2013. Microbial activity and organic matter composition in Mediterranean humus forms [J]. Geoderma, 209-210: 198-208.

ANDREWS J, HARRIS R, 1986. *r*-and *K*-selection and microbial ecology [J]. Advances in Microbial Ecology, 9: 99-147.

ARANDA V, MACCI C, PERUZZI E, et al., 2015. Biochemical activity and chemical-structural properties of soil organic matter after 17 years of amendments with olivemill pomace co-compost [J]. Journal of Environmental Management, 147: 278-285.

AYUSO M, HERNÁNDEZ T, GARCÍA C, et al., 1996. Biochemical and chemical-structural characterization of different organic materials used as manures [J]. Bioresource Technology, 57(2): 201-207.

BALARIA A, JOHNSON C E, XU Z, 2009. Molecular-scale characterization of hot-water-extractable organic matter in organic horizons of a forest soil [J]. Soil Science Society of America Journal, 73(3): 812-821.

BALARIA A, JOHNSON C, GROFFMAN P M, et al., 2015. Effects of calcium silicate treatment on the composition of forest floor organic matter in a northern hardwood forest stand [J]. Biogeochemistry, 122(2-3): 313-326.

BALDOCK J A, MASIELLO C A, GELINAS Y, et al., 2004. Cycling and composition of organic matter in terrestrial and marine ecosystems [J]. Marine Chemistry, 92: 39-64.

BALESDENT J, CHENU C, BALABANE M, 2000. Relationship of soil organic matter dynamics to physical protection and tillage [J]. Soil & Tillage Research, 53(3/4): 215-230.

BASTIAN F, BOUZIRI L, NICOLARDOT B, et al., 2009. Impact of wheat straw decomposition on successional patterns of soil microbial community structure [J]. Soil Biology & Biochemistry, 41(2): 262-275.

BELL T H, KLIRONOMOS J N, HENRY H A L, 2010. Seasonal responses of extracellular enzyme activity and microbial biomass to warming and nitrogen addition [J]. Soil Science Society of America Journal, 74(3): 820-828.

BENGTSON P, BENGTSSON G, 2007. Rapid turnover of DOC in temperate forests accounts for increased CO_2 production at elevated temperatures [J]. Ecology Letters, 10(9): 783-790.

BERNARD L, MOUGEL C, MARON P, 2007. Dynamics and identification of soil microbial populations actively assimilating carbon from ^{13}C-labelled wheat residue as estimated by DNA- and RNA-SIP techniques [J]. Environmental Microbiology, 9(3): 752-764.

BEYN F, MATTHIAS V, AULINGER A, et al., 2015. Do N-isotopes in atmospheric nitrate deposition reflect air pollution levels? [J]. Atmospheric Environment, 107: 281-288.

BINGHAM A H, COTRUFO M F, 2016. Organic nitrogen storage in mineral soil: implications for policy and management [J]. Science of the Total Environment, 551-552: 116-126.

BLAGODATSKAYA E V, BLAGODATSKY S A, ANDERSON T H, et al., 2007. Priming effects in Chernozem induced by glucose and N in relation to microbial growth strategies [J]. Applied Soil Ecology, 37(1-2): 0-105.

BLAGODATSKAYA E V, KUZYAKOV Y, 2008. Mechanisms of real and apparent priming effects and their dependence on soil microbial biomass and community structure: critical review [J]. Biology & Fertility of Soils, 45(2): 115-131.

BOL R, POIRIER N, BALESDENT J, et al., 2009. Molecular turnover time of soil organic matter in particle-size fractions of an arable soil [J]. Rapid Communications in Mass Spectrometry, 23(16): 2551-2558.

BOOT C M, HALL E K, DENEF K, et al., 2016. Long-term reactive nitrogen loading alters soil carbon & microbial community properties in a subalpine forest ecosystem [J]. Soil Biology & Biochemistry, 92: 211-220.

BOSSIO D A, SCOW K M, 1998. Impacts of carbon and flooding on soil microbial communities: phospholipid fatty acid profiles and substrate utilization patterns [J]. Microbial Ecology, 35(3): 265-278.

BOSSUYT H, SIX J, HENDRIX P F, 2005. Protection of soil carbon by microaggregates within earthworm casts [J]. Soil Biology & Biochemistry, 37: 251-258.

BOWDEN R D, DAVIDSON E, SAVAGE K, et al., 2004. Chronic nitrogen additions reduce total soil respiration and microbial respiration in temperate forest soils at the Harvard Forest [J]. Forest Ecology & Management, 196(1): 43-56.

BRACEWELL J, ROBERTSON G, 1984. Characteristics of soil organic matter in temperate soils by Curie point pyrolysis-mass spectrometry. I. Organic matter variations with drainage and mull humification in A horizons [J]. European Journal of Soil Science, 35(4): 549-558.

BRAGAZZA L, FREEMAN C, JONES T, et al., 2006. Atmospheric nitrogen deposition promotes carbon loss from peat bogs [J]. Proceedings of the National Academy of Sciences of Sciences of the United States of America, 103(51): 19386−19389.

BRAY S, KITAJIMA K, MACK M C, 2012. Temporal dynamics of microbial communities on decomposing leaf litter of 10 plant species in relation to decomposition rate [J]. Soil Biology & Biochemistry, 49: 30−37.

BROWN C, BALLABIO A, RUPERT J L, et al., 1991. A gene from the region of the human X inactivation centre is expressed exclusively from the inactive X chromosome [J]. Nature, 349(6304): 38−44.

BRZOSTEK E R, GRECO A, DRAKE J E, et al., 2013. Root carbon inputs to the rhizosphere stimulate extracellular enzyme activity and increase nitrogen availability in temperate forest soils [J]. Biogeochemistry, 115(1−3): 65−76.

BURNS R G, DEFOREST J L, MARXSEN J, et al., 2013. Soil enzymes in a changing environment: current knowledge and future directions [J]. Soil Biology & Biochemistry, 58: 216−234.

BURTON A J, PREGITZER K S, CRAWFORD J N, et al., 2004. Simulated chronic NO_3^- deposition reduces soil respiration in northern hardwood forests [J]. Global Change Biology, 10(7): 1080−1091.

BUURMAN P, NIEROP K G, PONTEVEDRA-POMBAL X, et al., 2006. Molecular chemistry by pyrolysis-GC/MS of selected samples of the Penido Vello peat deposit, Galicia, NW Spain [J]. Developments in Earth Surface Drocesses, 9: 217−240.

BUURMAN P, PETERSE F, MARTIN G A, 2007. Soil organic matter chemistry in allophanic soils: a pyrolysis-GC/MS study of a Costa Rican Andosol catena [J]. European Journal of Soil Science, 58(6): 1330−1347.

BUURMAN P, ROSCOE R, 2011. Different chemical composition of free light, occluded light and extractable SOM fractions in soils of cerrado and tilled and untilled fields, Minas Gerais, Brazil: a pyrolysis-GC/MS study [J]. European Journal of Soil Science, 62: 253−266.

CAMBARDELLA C A, ELLIOTT E T, 1992. Particulate soil organic-matter changes across a grassland cultivation sequence [J]. Soil Science Society of America Journal, 56(3): 777−783.

CARON J, ESPINDOLA C R, ANGERS D A, 1996. Soil structural stability during rapid wetting: influence of land use on some aggregate properties [J]. Soil Science Society of America Journal, 60(3): 901-908.

CARR A S, BOOM A, CHASE B M, et al., 2013. Biome-scale characterisation and differentiation of semi-arid and arid zone soil organic matter compositions using pyrolysis-GC/MS analysis [J]. Geoderma, 200-201: 189-201.

CARREIRO M M, SINSABAUGH R L, REPERT D A, et al., 2000. Microbial enzyme shifts explain litter decay responses to simulated nitrogen deposition [J]. Ecology, 81(9): 2359-2365.

CASTELLANO M J, KAYE J P, LIN H, et al., 2012. Linking carbon saturation concepts to nitrogen saturation and retention [J]. Ecosystems, 15(2): 175-187.

CECCANTI B, ALCAÑIZ-BALDELLOU J, GISPERT-NEGRELL M, et al., 1986. Characterization of organic matter from two different soils by pyrolysis-gas chromatography and isoelectric focusing [J]. Soil Science, 150: 763-770.

CECCANTI B, MASCIANDARO G, MACCI C, 2007. Pyrolysis-gas chromatography to evaluate the organic matter quality of a mulched soil [J]. Soil & Tillage Research, 97(1): 71-78.

CHEN D, LAN Z, HU S, et al., 2015. Effects of nitrogen enrichment on belowground communities in grassland: relative role of soil nitrogen availability vs. soil acidification [J]. Soil Biology & Biochemistry, 89: 99-108.

CHEN H, LI D J, GURMESA G A, et al., 2015. Effects of nitrogen deposition on carbon cycle in terrestrial ecosystems of China: a meta-analysis [J]. Environmental Pollution, 206: 352-360.

CHEN H, LI D, FENG W, et al., 2018. Different responses of soil organic carbon fractions to nitrogen additions [J]. European Journal of Soil Science, 69(6): 1098-1104.

CHEN J, LUO Y, LI J, et al., 2017. Co-stimulation of soil glycosidase activity and soil respiration by nitrogen addition [J]. Global Change Biology, 23: 1328-1337.

CHEN R, SENBAYRAM M, BLAGODATSKY S, et al., 2014. Soil C and N availability determine the priming effect: microbial N mining and stoichiometric decomposition theories [J]. Global Change Biology, 20(7): 2356-2367.

CHEN Y, CHEN G, ROBINSON D, et al., 2016. Large amounts of easily decomposable carbon stored in subtropical forest subsoil is associated with r-strategy-dominated soil microbes [J]. Soil Biology & Biochemistry, 95: 233-242.

CHENG S, FANG H, YU G, 2018. Threshold responses of soil organic carbon concentration and composition to multi-level nitrogen addition in a temperate needle-broadleaved forest [J]. Biogeochemistry, 137(1-2): 219-233.

CHENG S, FANG H, YU G, et al., 2010. Foliar and soil ^{15}N natural abundances provide field evidence on nitrogen dynamics in temperate and boreal forest ecosystems [J]. Plant and Soil, 337: 285-297.

CHENG S, HE S, FANG H, et al., 2017. Contrasting effects of NH_4^+ and NO_3^- amendments on amount and chemical characteristics of different density organic matter fractions in a boreal forest soil [J]. Geoderma, 293: 1-9.

CHENG W, PARTON W J, GONZALEZ-MELER M A, et al., 2014. Synthesis and modeling perspectives of rhizosphere priming [J]. New Phytologist, 201(1): 31-44.

CHENG W, 2009. Rhizosphere priming effect: its functional relationships with microbial turnover, evapotranspiration, and C-N budgets [J]. Soil Biology & Biochemistry, 41(9): 1795-1801.

CHENG W, KUZYAKOV Y, 2005. Root Effects on Soil Organic Matter Decomposition [M]// ZOBEL R, WRIGHT S. Roots and Soil Management: Interactions between Roots and the Soil. Madison: American Society of Agronomy, Crop Science Society of America, Soil Science Society of America: 119-143.

CHENG, W, 1999. Rhizosphere feedbacks in elevated CO_2 [J]. Tree Physiology, 19(4-5): 313-320.

CHIAVARI G, GALLETTI G C, 1992. Pyrolysis-gas chromatography/mass spectrometry of amino acids [J]. Journal of Analytical & Applied Pyrolysis, 24(2): 123-137.

CLEVELAND C C, LIPTZIN D, 2007. C : N : P stoichiometry in soil: Is there a "Redfield ratio" for the microbial biomass? [J]. Biogeochemistry, 85(3): 235-252.

CLEVELAND C C, TOWNSEND A R, 2006. Nutrient additions to a tropical rain forest drive substantial soil carbon dioxide losses to the atmosphere [J]. Proceedings of the National Academy of Sciences of the United States of America, 103(27): 10316.

CLINE L C, ZAK D R, 2015. Initial colonization, community assembly and ecosystem function: fungal colonist traits and litter biochemistry mediate decay rate [J]. Molecular Ecology, 24(19): 5045−5058.

COTRUFO M F, WALLENSTEIN M D, BOOT C M, et al., 2013. The microbial efficiency-matrix stabilization (MEMS) framework integrates plant litter decomposition with soil organic matter stabilization: Do labile plant inputs form stable soil organic matter? [J]. Global Change Biology, 19(4): 988−995.

CRAINE J M, MORROW C, FIERER N, et al., 2007. Microbial nitrogen limitation increases decomposition [J]. Ecology, 88(8): 2105−2113.

CROW S E, LAJTHA K, FILLEY T R, et al., 2009. Sources of plant-derived carbon and stability of organic matter in soil: implications for global change [J]. Global Change Biology, 15(8): 2003−2019.

CURREY P M, JOHNSON D, SHEPPARD L J, et al., 2010. Turnover of labile and recalcitrant soil carbon differ in response to nitrate and ammonium deposition in an ombrotrophic peatland [J]. Global Change Biology, 16(8): 2307−2321.

CUSACK D F, SILVER W L, MCDOWELL T W H, 2010a. Effects of nitrogen additions on above- and belowground carbon dynamics in two tropical forests [J]. Biogeochemistry, 104(1/3): 203−225.

CUSACK D F, TORN M S, MCDOWELL W H, et al., 2010b. The response of heterotrophic activity and carbon cycling to nitrogen additions and warming in two tropical soils [J]. Global Change Biology, 16(9): 2555−2572.

DE ALMEIDA R F, SILVEIRA C H, MOTA R P, et al., 2016. For how long does the quality and quantity of residues in the soil affect the carbon compartments and CO_2-C emissions? [J]. Journal of Soils & Sediments, 16(10): 2354−2364.

DE VRIES W, DU E, BUTTERBACH-BAHL K, 2014. Short and long-term impacts of nitrogen deposition on carbon sequestration by forest ecosystems [J]. Current

Opinion in Environmental Sustainability, 9: 90-104.

DEFOREST J L, ZAK D R, PREGITZER K S, et al., 2005. Atmospheric nitrate deposition and enhanced dissolved organic carbon leaching [J]. Soil Science Society of America Journal, 69(4): 1233-1237.

DEFOREST J L, ZAK D R, PREGITZER K S, et al., 2004. Atmospheric nitrate deposition and the microbial degradation of cellobiose and vanillin in a northern hardwood forest [J]. Soil Biology & Biochemistry, 36(6): 965-971.

DEFOREST J L, ZAK D R, PREGITZER K S, et al., 2004. Atmospheric nitrate deposition, microbial community composition, and enzyme activity in northern hardwood forests [J]. Soil Science Society of America Journal, 68(1): 132-138.

DE NOBILI M D, CONTIN M, MONDINI C, et al., 2001. Soil microbial biomass is triggered into activity by trace amounts of substrate [J]. Soil Biology & Biochemistry, 33(9): 1163-1170.

DEMOLING F, NILSSON L O, 2008. Bacterial and fungal response to nitrogen fertilization in three coniferous forest soils [J]. Soil Biology & Biochemistry, 40(2): 370-379.

DERRIEN D, PLAIN C, COURTY P E, et al., 2014. Does the addition of labile substrate destabilise old soil organic matter? [J]. Soil Biology & Biochemistry, 76: 149-160.

DE VRIES W, REINDS G J, GUNDERSEN P, et al., 2006. The impact of nitrogen deposition on carbon sequestration in European forests and forest soils [J]. Global Chang Biology, 12(7): 1151-1173.

DIGNAC M F, HOUOT S, CÉDRIC F, et al., 2005. Pyrolytic study of compost and waste organic matter [J]. Organic Geochemistry, 36(7): 1054-1071.

DIJKSTRA F A, CARRILLO Y, PENDALL E, et al., 2013. Rhizosphere priming: a nutrient perspective [J]. Frontiers in Microbiology, 4: 216.

DING H B, SUN M Y, 2005. Biochemical degradation of algal fatty acids in oxic and anoxic sediment-seawater interface systems: effects of structural association and relative roles of aerobic and anaerobic bacteria [J]. Marine Chemistry, 93(1): 1-19.

DING X, ZHANG X, HE H, et al., 2010. Dynamics of soil amino sugar pools during decomposition processes of corn residues as affected by inorganic N addition [J]. Journal of Soils & Sediments, 10(4): 758-766.

DONG W Y, ZHANG X Y, LIU X Y, et al., 2015. Responses of soil microbial communities and enzyme activities to nitrogen and phosphorus additions in Chinese fir plantations of subtropical China [J]. Biogeosciences, 12(18): 5537-5546.

DOU S, ZHANG J J, LI K, 2008. Effect of organic matter applications on ^{13}C-NMR spectra of humic acids of soil [J]. European Journal of Soil Science, 59(3): 532-539.

DUNGAIT J A J, HOPKINS D W, GREGORY A S, et al., 2012. Soil organic matter turnover is governed by accessibility not recalcitrance [J]. Global Change Biology, 18(6): 1781-1796.

EBRAHIMI A, OR D, 2016. Microbial community dynamics in soil aggregates shape biogeochemical gas fluxes from soil profiles-upscaling an aggregate biophysical model [J]. Global Change Biology, 22(9): 3141-56.

EDWARDS I P, ZAK D R, 2011. Fungal community composition and function after long-term exposure of northern forests to elevated atmospheric CO_2 and tropospheric O_3 [J]. Global Change Biology, 17(6): 2184-2195.

ELSER J J, BRACKEN M E S, CLELAND E E, et al., 2007. Global analysis of nitrogen and phosphorus limitation of primary producers in freshwater, marine and terrestrial ecosystems [J]. Ecology Letters, 10(12): 1135-1142.

ENTWISTLE E M, ZAK D R, EDWARDS I P, 2013. Long-term experimental nitrogen deposition alters the composition of the active fungal community in the forest floor [J]. Soil Science Society of America Journal, 77(5): 1648-1658.

EO J, PARK K C, 2016. Long-term effects of imbalanced fertilization on the composition and diversity of soil bacterial community [J]. Agriculture, Ecosystems & Environment, 231: 176-182.

ESKELINEN A, MNNIST S M, 2009. Links between plant community composition, soil organic matter quality and microbial communities in contrasting tundra habitats [J]. Oecologia, 161(1): 113-123.

FAN F, YIN C, TANG Y, et al., 2014. Probing potential microbial coupling of carbon and nitrogen cycling during decomposition of maize residue by ^{13}C-DNA-SIP [J].

Soil Biology & Biochemistry, 70: 12-21.

FAN F, ZHANG F, QU Z, et al., 2008. Plant carbon partitioning below ground in the presence of different neighboring species [J]. Soil Biology & Biochemistry, 40(9): 2266-2272.

FANG H J, CHENG S L, WANG Y S, et al., 2014a. Changes in soil heterotrophic respiration, carbon availability, and microbial function in seven forests along a climate gradient [J]. Ecological Research, 29(6): 1077-1086.

FANG H J, CHENG S L, YU G R, et al., 2014b. Experimental nitrogen deposition alters the quantity and quality of soil dissolved organic carbon in an alpine meadow on the Qinghai-Tibetan Plateau [J]. Applied Soil Ecology, 81: 1-11.

FANG H J, CHENG S L, YU G R, et al., 2014c. Nitrogen deposition impacts on the amount and stability of soil organic matter in an alpine meadow ecosystem depend on the form and rate of applied nitrogen [J]. European Journal of Soil Science, 65(4): 510-519.

FANG H, CHENG S, YU G, et al., 2012. Responses of CO_2 efflux from an alpine meadow soil on the Qinghai Tibetan Plateau to multi-form and low-level N addition [J]. Plant and Soil, 351(1-2): 177-190.

FANG H, YU G, CHENG S, et al., 2010. Effects of multiple environmental factors on CO_2 emission and CH_4 uptake from old-growth forest soils [J]. Biogeosciences, 7(1): 395-407.

FANG Y, NAZARIES L, SINGH B K, et al., 2018. Microbial mechanisms of carbon priming effects revealed during the interaction of crop residue and nutrient inputs in contrasting soils [J]. Global Change Biology, 24(7): 2775-2790.

FENG X A J, SIMPSON W H, SCHLESINGER W H, et al., 2010. Altered microbial community structure and organic matter composition under elevated CO_2 and N fertilization in the duke forest [J]. Global Change Biology, 16: 2104-2116.

FIERER N, BRADFORD M A, JACKSON R B, 2007. Toward an ecological classification of soil bacteria [J]. Ecology, 88(6): 1354-1364.

FINN D, PAGE K L, CATTON K, et al., 2015. Effect of added nitrogen on plant litter decomposition depends on initial soil carbon and nitrogen stoichiometry [J]. Soil

Biology & Biochemistry, 91: 160–168.

FLEISCHER K, WÅRLIND D, MOLEN M V D, et al., 2015. Low historical nitrogen deposition effect on carbon sequestration in the boreal zone [J]. Journal of Geophysical Research Biogeosciences, 120(12): 2542–2561.

FLEISCHER K, REBEL K T, VAN DE MOLEN M K, et al., 2013. The contribution of nitrogen deposition to the photosynthetic capacity of forests [J]. Global Biogeochemical Cycles, 27(1): 187–199.

FOG K, 1988. The effect of added nitrogen on the rate of decomposition of organic matter [J]. Biological Reviews, 63(3): 433–462.

FONTAINE S, BARDOUX G, ABBADIE L, et al., 2004. Carbon input to soil may decrease soil carbon content [J]. Ecology Letters, 7(4): 314–320.

FONTAINE S, HENAULT C, AAMOR A, et al., 2011. Fungi mediate long term sequestration of carbon and nitrogen in soil through their priming effect [J]. Soil Biology & Biochemistry, 43(1): 86–96.

FONTAINE S, MARIOTTI A, ABBADIE L, 2003. The priming effect of organic matter: a question of microbial competition? [J]. Soil Biology & Biochemistry, 35(6): 837–843.

FREEDMAN Z, ZAK D R, 2014. Atmospheric N deposition increases bacterial laccase-like multicopper oxidases: implications for organic matter decay [J]. Applied & Environmental Microbiology, 80(14): 4460–4468.

FREY S D, KNORR M, PARRENT J L, et al., 2004. Chronic nitrogen enrichment affects the structure and function of the soil microbial community in temperate hardwood and pine forests [J]. Forest Ecology & Management, 196(1): 159–171.

FREY S D, OLLINGER S, NADELHOFFER K, et al., 2014. Chronic nitrogen additions suppress decomposition and sequester soil carbon in temperate forests [J]. Biogeochemistry, 121(2): 305–316.

FROSTEGÅRD Å, BÅÅTH E, TUNLID A, et al., 1993. Shifts in the structure of soil microbial communities in limed forests as revealed by phospholipid fatty acid analysis [J]. Soil Biology & Biochemistry, 25(6): 723–730.

FROSTEGÅRD Å, BÅÅTH E, 1996. The use of phospholipid fatty acid analysis to estimate bacterial and fungal biomass in soil [J]. Biology & Fertility of Soils, 22(1): 59-65.

FUSTEC E, CHAUVET E, GAS G, 1989. Lignin degradation and humus formation in alluvial soils and sediments [J]. Applied & Environmental Microbiology, 55(4): 922-926.

GALLETTI G C, REEVES J B, 1992. Pyrolysis/gas chromatography/ion-trap detection of polyphenols (vegetable tannins): preliminary results [J]. Biological Mass Spectrometry, 27(3): 226-230.

GALLO M, AMONETTE R, LAUBER C, et al., 2004. Microbial community structure and oxidative enzyme activity in nitrogen-amended north temperate forest soils [J]. Microbial Ecology, 48(2): 218-229.

GALLOWAY J N, DENTENER F J, CAPONE D G, et al., 2004. Nitrogen cycles: past, present, and future [J]. Biogeochemistry, 70(2): 153-226.

GALLOWAY J N, DENTENER F J, MARMER E, et al., 2008. The environmental reach of Asia [J]. Annual Review of Environment and Resources, 33(s1): 461-481.

GANGIL S, 2015. Benefits of weakening in thermogravimetric signals of hemicellulose and lignin for producing briquettes from soybean crop residue [J]. Energy, 81: 729-737.

GAO W L, CHENG S L, FANG H J, et al., 2013. Effects of simulated atmospheric nitrogen deposition on inorganic nitrogen content and acidification in a cold-temperate coniferous forest soil [J]. Acta Ecologica Sinica, 33(2): 114-121.

GAO W L, KOU L, YANG H, et al., 2016a. Are nitrate production and retention processes in subtropical acidic forest soils responsive to ammonium deposition? [J]. Soil Biology & Biochemistry, 100: 102-109.

GAO W L, KOU L, ZHANG J B, et al., 2016b. Ammonium fertilization causes a decoupling of ammonium cycling in a boreal forest [J]. Soil Biology & Biochemistry, 101: 114-123.

GARCÍA-ORENES F, ROLDÁN A, MORUGÁN-CORONADO A, et al., 2016. Organic fertilization in traditional Mediterranean grapevine orchards mediates changes in soil microbial community structure and enhances soil fertility [J]. Land

Degradation & Development, 27: 1622−1628.

GENG J, CHENG S L, FANG H J, et al., 2019. Different molecular characterization of soil particulate fractions under N deposition in a subtropical forest [J]. Forests, 10: 914.

GENG J, CHENG S L, FANG H J, et al., 2017. Soil nitrate accumulation explains the nonlinear responses of soil CO_2 and CH_4 fluxes to nitrogen addition in a temperate needle-broadleaved mixed forest [J]. Ecological Indicators, 79: 28−36.

GERMAN D P, CHACON S S, ALLISON S D, 2011. Substrate concentration and enzyme allocation can affect rates of microbial decomposition [J]. Ecology, 92(7): 1471−1480.

GLEIXNER G, BOL R, BALESDENT J, 1999. Molecular insight into soil carbon turnover [J]. Rapid Communications in Mass Spectrometry, 13(13): 1278−1283.

GLEIXNER G, POIRIER N, BOL R, et al., 2002. Molecular dynamics of organic matter in a cultivated soil [J]. Organic Geochemistry, 33(3): 357−366.

GONG S, GUO R, ZHANG T, et al., 2015. Warming and nitrogen addition increase litter decomposition in a temperate meadow ecosystem [J]. PloS ONE, 10(3): e0116013.

GONZÁLEZ-PÉREZ J A, ALMENDROS G, DE LA ROSA J M, et al., 2014. Appraisal of polycyclic aromatic hydrocarbons (PAHs) in environmental matrices by analytical pyrolysis (Py−GC/MS) [J]. Journal of Analytical & Applied Pyrolysis, 109: 1−8.

GRANDY A S, NEFF J C, WEINTRAUB M N, 2007. Carbon structure and enzyme activities in alpine and forest ecosystems [J]. Soil Biology & Biochemistry, 39(11): 2701−2711.

GRANDY A S, NEFF J C, 2008. Molecular C dynamics downstream: the biochemical decomposition sequence and its impact on soil organic matter structure and function [J]. Science of the Total Environment, 404(2−3): 297−307.

GRANDY A S, SINSABAUGH R L, NEFF J C, et al., 2008. Nitrogen deposition effects on soil organic matter chemistry are linked to variation in enzymes, ecosystems and size fractions [J]. Biogeochemistry, 91(1): 37−49.

GRAYSTON S J, CAMPBELL C D, BARDGETT R D, et al., 2004. Assessing shifts in microbial community structure across a range of grasslands of differing management intensity using CLPP, PLFA and community DNA techniques [J]. Applied Soil Ecology, 25(1): 63-84.

GRESS S E, NICHOLS T D, NORTHCRAFT C C, et al., 2007. Nutrient limitation in soils exhibiting differing nitrogen availabilities: what lies beyond nitrogen saturation? [J]. Ecology, 88(1): 119-130.

GRIFFITHS B, RITZ K, EBBLEWHITE N, et al., 1999. Soil microbial community structure: effects of substrate loading rates [J]. Soil Biology & Biochemistry, 31: 145-153.

GUENET B, DANGER M, ABBADIE L, et al., 2010a. Priming effect: bridging the gap between terrestrial and aquatic ecology [J]. Ecology, 91(10): 2850-2861.

GUENET B, NEILL C, BARDOUX G, et al., 2010b. Is there a linear relationship between priming effect intensity and the amount of organic matter input? [J]. Applied Soil Ecology, 46(3): 436-442.

GULIS V I, SUBERKROPP K F, 2003. Leaf litter decomposition and microbial activity in nutrient-enriched and unaltered reaches of a headwater stream [J]. Freshwater Biology, 48(1): 123-134.

GUNDALE M J, FROM F, BACH L H, et al., 2014. Anthropogenic nitrogen deposition in boreal forests has a minor impact on the global carbon cycle [J]. Global Change Biology, 20(1): 276-286.

HAGEDORN F, HEES P A W V, HANDA I T, et al., 2008. Elevated atmospheric CO_2 fuels leaching of old dissolved organic matter at the alpine treeline [J]. Global Biogeochemical Cycles, 22(2): 1-11.

HAGEDORN F, SPINNLER D, SIEGWOLF R, 2003. Increased N deposition retards mineralization of old soil organic matter [J]. Soil Biology & Biochemistry, 35(12): 1683-1692.

HAMER U, MARSCHNER B, 2005. Priming effects in different soil types induced by fructose, alanine, oxalic acid and catechol additions [J]. Soil Biology & Biochemistry, 37(3): 445-454.

HARTLEY I P, HOPKINS D W, SOMMERKORN M, et al., 2010. The response of organic matter mineralisation to nutrient and substrate additions in sub-arctic soils [J].

Soil Biology & Biochemistry, 42(1): 92−100.

HASSETT J E, ZAK D R, BLACKWOOD C B, et al., 2009. Are basidiomycete laccase gene abundance and composition related to reduced lignolytic activity under elevated atmospheric NO_3^- deposition in a northern hardwood forest? [J]. Microbial Ecology, 57(4): 728−739.

HASSINK J, WHITMORE A P, KUBÁT J, 1997. Size and density fractionation of soil organic matter and the physical capacity of soil to protect organic matter [J]. European Journal of Agronomy, 7(1−3): 189−199.

HASSINK J, 1997. The capacity of soils to preserve organic C and N by their association with clay and silt particles [J]. Plant and Soil, 191(1): 77−87.

HE C E, LIU X J, FANGMEIER A, et al., 2007. Quantifying the total airborne nitrogen input into agroecosystems in the North China Plain [J]. Agriculture, Ecosystems & Environment, 121(4): 395−400.

HE D, XIANG X, HE J S, et al., 2016. Composition of the soil fungal community is more sensitive to phosphorus than nitrogen addition in the alpine meadow on the Qinghai-Tibetan Plateau [J]. Biology & Fertility of Soils, 52(8): 1059−1072.

HE Y, TRUMBORE S E, TORN M S, et al., 2016. Radiocarbon constraints imply reduced carbon uptake by soils during the 21st century [J]. Science, 353: 1419−1424.

HEIMANN M, REICHSTEIN M, 2008. Terrestrial ecosystem carbon dynamics and climate feedbacks [J]. Nature, 451(7176): 289−292.

HESSE C N, MUELLER R C, MOMCHILO V, et al., 2015. Forest floor community metatranscriptomes identify fungal and bacterial responses to N deposition in two maple forests [J]. Frontiers in Microbiology, 6: 337.

HEUCK C, WEIG A, SPOHN M, 2015. Soil microbial biomass C∶N∶P stoichiometry and microbial use of organic phosphorus [J]. Soil Biology & Biochemistry, 85: 119−129.

HINSINGER P, PLASSARD C, TANG C, et al., 2003. Origins of root-mediated pH changes in the rhizosphere and their responses to environmental constraints: a review [J]. Plant and Soil, 248(1−2): 43−59.

HOERL A, KENNARD R, 2000. Ridge regression: biased estimation for nonorthogonal problems [J]. Technometrics, 42(1): 80−86.

HOESLY R M, SMITH S J, FENG L, et al., 2018. Historical (1750—2014) anthropogenic emissions of reactive gases and aerosols from the Community Emission Data System (CEDS) [J]. Geoscientific Model Development Discussions, 11: 369-408.

HOLLAND E, COLEMAN D, 1987. Litter placement effects on microbial and organic matter dynamics in an agroecosystem [J]. Ecology, 68: 425-433.

HONTORIA C, SAA A, RODRÍGUEZ-MURILLO J C, 1999. Relationships between soil organic carbon and site characteristics in Peninsular Spain [J]. Soil Science Society of America Journal, 63(3): 614-621.

HU Z, XU C, MCDOWELL N G, et al., 2017. Linking microbial community composition to C loss rates during wood decomposition [J]. Soil Biology & Biochemistry, 104: 108-116.

HUANG J, CHEN W, QI K, et al., 2018. Distinct effects of N and P addition on soil enzyme activities and C distribution in aggregates in a subalpine spruce plantation [J]. Biogeochemistry, 141(2): 199-212.

HUANG W, LIU J, WANG Y P, et al., 2013. Increasing phosphorus limitation along three successional forests in southern China [J]. Plant and Soil, 364(1-2): 181-191.

HUANG Z, CLINTON P W, BAISDEN W T, et al., 2011. Long-term nitrogen additions increased surface soil carbon concentration in a forest plantation despite elevated decomposition [J]. Soil Biology & Biochemistry, 43(2): 302-307.

HYVONEN R, PERSSON T, ANDERSSON S, et al., 2008. Impact of long-term nitrogen addition on carbon stocks in trees and soils in northern Europe [J]. Biogeochemistry, 89(1): 121-137.

JAIN A, YANG X, KHESHGI H, et al., 2009. Nitrogen attenuation of terrestrial carbon cycle response to global environmental factors [J]. Global Biogeochemical Cycles, 23(4): 1-13.

JANSSENS I A, DIELEMAN W, LUYSSAERT S, et al., 2010. Reduction of forest soil respiration in response to nitrogen deposition [J]. Nature Geoscience, 3(5): 315-322.

JIAN S, LI J, CHEN J, et al., 2016. Soil extracellular enzyme activities, soil carbon and nitrogen storage under nitrogen fertilization: a meta-analysis [J]. Soil Biology &

Biochemistry, 101: 32-43.

JING X, CHEN X, TANG M, et al., 2017. Nitrogen deposition has minor effect on soil extracellular enzyme activities in six Chinese forests [J]. Science of the Total Environment, 607-608: 806-815.

JONARD M, FEURST A, VERSTRAETEN A, et al., 2015. Tree mineral nutrition is deteriorating in Europe [J]. Global Change Biology, 21: 418-430.

JOSHI S R, SHARMA G D, MISHRA R R, 1993. Microbial enzyme activities related to litter decomposition near a highway in a subtropical forest of north east India [J]. Soil Biology & Biochemistry, 25: 1763-1770.

JUSTI M, SCHELLEKENS J, CAMARGO P B D, et al., 2017. Long-term degradation effect on the molecular composition of black carbon in Brazilian Cerrado soils [J]. Organic Geochemistry, 113: 196-209.

KAAL J, BRODOWSKI S, BALDOCK J, et al., 2008. Characterisation of aged black carbon using pyrolysis-GC/MS, thermally assisted hydrolysis and methylation (THM), direct and cross-polarisation ^{13}C nuclear magnetic resonance (DP/CP NMR) and the benzenepolycarboxylic acid (BPCA) method [J]. Organic Geochemistry, 39: 1415-1426.

KAAL J, RUMPEL C, 2009. Can pyrolysis-GC/MS be used to estimate the degree of thermal alteration of black carbon? [J]. Organic Geochemistry, 40(12): 1179-1187.

KALBITZ K, SCHWESIG D, RETHEMEYER J, et al., 2005. Stabilization of dissolved organic matter by sorption to the mineral soil [J]. Soil Biology & Biochemistry, 37(7): 1319-1331.

KALBITZ K, SCHWESIG D, SCHMERWITZ J, et al., 2003. Changes in properties of soil-derived dissolved organic matter induced by biodegradation [J]. Soil Biology & Biochemistry, 35(8): 1129-1142.

KEELER B L, HOBBIE S E, KELLOGG L E, 2009. Effects of long-term nitrogen addition on microbial enzyme activity in eight forested and grassland sites: implications for litter and soil organic matter decomposition [J]. Ecosystems, 12(1): 1-15.

KIRKBY C A, RICHARDSON A E, WADE L J, et al., 2013. Carbon-nutrient stoichiometry to increase soil carbon sequestration [J]. Soil Biology & Biochemistry, 60: 77-86.

KIRKBY C A, RICHARDSON A E, WADE L J, et al., 2014. Nutrient availability limits carbon sequestration in arable soils [J]. Soil Biology & Biochemistry, 68: 402-409.

KLEBER M, MERTZ C, ZIKELI S, et al., 2004. Changes in surface reactivity and organic matter composition of clay subfractions with duration of fertilizer deprivation [J]. European Journal of Soil Science, 55(2): 381-391.

KLEBER M, SOLLINS P, SUTTON R, 2007. A conceptual model of organo-mineral interactions in soils: self-assembly of organic molecular fragments into zonal structures on mineral surfaces [J]. Biogeochemistry, 85(1): 9-24.

KNORR W, PRENTICE I C, HOUSE J I, et al., 2005. Long-term sensitivity of soil carbon turnover to warming [J]. Nature, 433(7023): 298-301.

KÖGEL-KNABNER I, 2002. The macromolecular organic composition of plant and microbial residues as inputs to soil organic matter [J]. Soil Biology & Biochemistry, 34(2): 139-162.

KOHL L, PHILBEN M, EDWARDS K A, et al., 2018. The origin of soil organic matter controls its composition and bioreactivity across a mesic boreal forest latitudinal gradient [J]. Global Change Biology, 24(2): e458-e473.

KORANDA M, KAISER C, FUCHSLUEGER L, et al., 2014. Fungal and bacterial utilization of organic substrates depends on substrate complexity and N availability [J]. FEMS Microbiology Ecology, 87(1): 142-152.

KOU L D, GUO H Y, GAO W, et al., 2015. Growth, morphological traits and mycorrhizal colonization of fine roots respond differently to nitrogen addition in a slash pine plantation in subtropical China [J]. Plant and Soil, 391: 207-218.

KU H, 1966. Notes on the use of propagation of error formulas [J]. Journal of Research of the National Bureau of Standards-C. Engineering and Instrumentation, 70(4): 263-273.

KUZYAKOV Y, FRIEDEL J K, STAHR K, 2000. Review of mechanisms and quantification of priming effects [J]. Soil Biology & Biochemistry, 32(11-12): 1485-1498.

KUZYAKOV Y, XU X, 2013. Competition between roots and microorganisms for nitrogen: mechanisms and ecological relevance [J]. New Phytologist, 198(3): 656-669.

KUZYAKOV Y, 2010. Priming effects: interactions between living and dead organic matter [J]. Soil Biology & Biochemistry, 42(9): 1363-1371.

LAL R, 2005. Forest soils and carbon sequestration [J]. Forest Ecology and Management, 220(1-3): 242-258.

LEBAUER D S, TRESEDER K K, 2008. Nitrogen limitation of net primary productivity in terrestrial ecosystems is globally distributed [J]. Ecology, 89(2): 371-379.

LEHMANN J, KLEBER M, 2015. The contentious nature of soil organic matter [J]. Nature, 528: 60-68.

LÉ QUÉRÉ C, MORIARTY R, ANDREW R M, et al., 2015. Global carbon budget 2015 [J]. Earth System Science Data, 7: 349-396.

LI L J, ZHU X, YE R, et al., 2018. Soil microbial biomass size and soil carbon influence the priming effect from carbon inputs depending on nitrogen availability [J]. Soil Biology & Biochemistry, 119: 41-49.

LI F, CHEN L, ZHANG J, et al., 2017. Bacterial community structure after long-term organic and inorganic fertilization reveals important associations between soil nutrients and specific taxa involved in nutrient transformations [J]. Frontiers in Microbiology, 8: 187.

LI W, JIN C, GUAN D, et al., 2015. The effects of simulated nitrogen deposition on plant root traits: a meta-analysis [J]. Soil Biology & Biochemistry, 82: 112-118.

LI X, CHENG S, FANG H, et al., 2015. The contrasting effects of deposited NH_4^+ and NO_3^- on soil CO_2, CH_4 and N_2O fluxes in a subtropical plantation, southern China [J]. Ecological Engineering, 85: 317-327.

LI Y C, LI Y F, CHANG S X, et al., 2017. Linking soil fungal community structure and function to soil organic carbon chemical composition in intensively managed subtropical bamboo forests [J]. Soil Biology & Biochemistry, 107: 19-31.

LI Y Q, XU M, ZOU X M, 2006. Effects of nutrient additions on ecosystem carbon cycle in a Puerto Rican tropical wet forest [J]. Global Change Biology, 12(2): 284-293.

LI Y, NIU S, YU G, 2016. Aggravated phosphorus limitation on biomass production under increasing nitrogen loading: a meta-analysis [J]. Global Change Biology, 22(2): 934-943.

LI Z, ZHAO B, W Q, et al., 2015. Differences in chemical composition of soil organic carbon resulting from long-term fertilization strategies [J]. PloS ONE, 10(4): e0124359.

LIANG A, YANG X, ZHANG X, et al., 2009. Soil organic carbon changes in particle-size fractions following cultivation of Black soils in China [J]. Soil & Tillage Research, 105(1): 21-26.

LIAO J D, BOUTTON T W, JASTROW J D, 2006. Storage and dynamics of carbon and nitrogen in soil physical fractions following woody plant invasion of grassland [J]. Soil Biology & Biochemistry, 38(11): 3184-3196.

LINDQUIST E J, D'ANNUNZIO R, GERRAND A, et al., 2012. Global Forest Land-use Change 1990—2005 [M]. Rome: Food and Agriculture Organization of the United Nations.

LIU J, GU Z, SHAO H, et al., 2016a. N-P stoichiometry in soil and leaves of *Pinus massoniana* forest at different stand ages in the subtropical soil erosion area of China [J]. Environmental Earth Sciences, 75(14): 1091.

LIU J, WU N, WANG H, et al., 2016b. Nitrogen addition affects chemical compositions of plant tissues, litter and soil organic matter [J]. Ecology, 97(7): 1796-1806.

LIU L, GREAVER T L, 2010. A global perspective on belowground carbon dynamics under nitrogen enrichment [J]. Ecology Letters, 13(7): 819-828.

LIU L, GUNDERSEN P, ZHANG T, et al., 2012. Effects of phosphorus addition on soil microbial biomass and community composition in three forest types in tropical China [J]. Soil Biology & Biochemistry, 44(1): 31-38.

LIU W, QIAO C, YANG S, et al., 2018. Microbial carbon use efficiency and priming effect regulate soil carbon storage under nitrogen deposition by slowing soil organic matter decomposition [J]. Geoderma, 332: 37-44.

LIU X, DUAN L, MO J, et al., 2011. Nitrogen deposition and its ecological impact in China: an overview [J]. Environmental Pollution, 159(10): 2251-2264.

LIU X, XU W, DU E, et al., 2016. Reduced nitrogen dominated nitrogen deposition in the United States, but its contribution to nitrogen deposition in China decreased [J]. Proceedings of the National Academy of Sciences of the United States of America, 113(26): E3590-E3591.

LIU X, ZHANG Y, HAN W, et al., 2013. Enhanced nitrogen deposition over China [J]. Nature, 494(7438): 459-462.

LOEPPMANN S, BLAGODATSKAYA E, PAUSCH J, et al., 2016. Substrate quality affects kinetics and catalytic efficiency of exo-enzymes in rhizosphere and detritusphere [J]. Soil Biology & Biochemistry, 92: 111-118.

LÜ C, TIAN H, 2007. Spatial and temporal patterns of nitrogen deposition in China: synthesis of observational data [J]. Journal of Geophysical Research, 112(22): 022505.

LU M, ZHOU X, LUO Y, et al., 2011. Minor stimulation of soil carbon storage by nitrogen addition: a meta-analysis [J]. Agriculture, Ecosystems & Environment, 140(1): 234-244.

LU X, MAO Q, GILLIAM F S, et al., 2014. Nitrogen deposition contributes to soil acidification in tropical ecosystems [J]. Global Change Biology, 20(12): 3790-3801.

LUCHETA A R, CANNAVAN F D, ROESCH L F W, et al., 2016. Fungal community assembly in the Amazonian Dark Earth [J]. Microbial Ecology, 71: 962-973.

LUO L, MENG H, WU R N, et al., 2017. Impact of nitrogen pollution/deposition on extracellular enzyme activity, microbial abundance and carbon storage in coastal mangrove sediment [J]. Chemosphere, 177: 275-283.

MAAROUFI N I, NORDIN A, HASSELQUIST N J, et al., 2015. Anthropogenic nitrogen deposition enhances carbon sequestration in boreal soils [J]. Global Change Biology, 21(8): 3169-3180.

MAGILL A H, ABER J D, 1998. Long-term effects of experimental nitrogen additions on foliar litter decay and humus formation in forest ecosystems [J]. Plant and Soil, 203(2): 301-311.

MAGNANI F, MENCUCCINI M, BORGHETTI M, et al., 2007. The human footprint in the carbon cycle of temperate and boreal forests [J]. Nature, 447(7146): 848-850.

MAHOWALD N, JICKELLS D, BAKER R, 2008. Global distribution of atmospheric phosphorus sources, concentrations and deposition rates, and anthropogenic impacts [J]. Global Biogeochemical Cycles, 22(4): GB4026.

MALHERBE S, CLOETE T E, 2002. Lignocellulose biodegradation: fundamentals and applications [J]. Reviews in Environmental Science & Biotechnology, 1(2): 105-114.

MALHI S S, HARAPIAK J T, NYBORG M, et al., 2003. Total and light fraction organic C in a thin Black Chernozemic grassland soil as affected by 27 annual applications of six rates of fertilizer N [J]. Nutrient Cycling in Agroecosystems, 66(1): 33-41.

MAN S B, GIACOMO C, CLAUDIA F, et al., 2008. Soil organic matter quality under different land uses in a mountain watershed of Nepal [J]. Soil Science Society of America Journal, 72(6): 1563-1569.

MARKLEIN A R, HOULTON B Z, 2012. Nitrogen inputs accelerate phosphorus cycling rates across a wide variety of terrestrial ecosystems [J]. New Phytologist, 193(3): 696-704.

MARINARI S, MASCIANDARO G, CECCANTI B, et al., 2007. Evolution of soil organic matter changes using pyrolysis and metabolic indices: a comparison between organic and mineral fertilization [J]. Bioresource Technology, 98(13): 2495-2502.

MATSON P, MADOWELL W, TOWNSEND A, et al., 1999. The globalization of N deposition: ecosystem consequences in tropical environments [J]. Biogeochemistry, 46(1/3): 67-83.

MAYLE F, BURBRIDGE R, KILLEEN T, 2000. Millennial-scale dynamics of southern Amazonian rain forests [J]. Science, 290: 2291-2294.

MCGILL W B, COLE C V, 1981. Comparative aspects of cycling of organic C, N, S and P through soil organic matter [J]. Geoderma, 26(4): 267-286.

MEIER I C, PRITCHARD S G, BRZOSTEK E R, et al., 2015. The rhizosphere and hyphosphere differ in their impacts on carbon and nitrogen cycling in forests exposed to elevated CO_2 [J]. New Phytologist, 205(3): 1164-1174.

MELILLO J M, MURATORE A J F, 1982. Nitrogen and lignin control of hardwood leaf litter decomposition dynamics [J]. Ecology, 63(3): 621-626.

MICHEL K, MATZNER E, DIGNAC M F, et al., 2006. Properties of dissolved organic matter related to soil organic matter quality and nitrogen additions in Norway spruce forest floors [J]. Geoderma, 130(3-4): 250-264.

MØLLER J, MILLER M, KJØLLER A, 1999. Fungal-bacterial interaction on beech leaves: influence on decomposition and dissolved organic carbon quality [J]. Soil Biology & Biochemistry, 31(3): 367-374.

MORAN K K, SIX J, HORWATH W R, et al., 2005. Role of mineral-nitrogen in residue decomposition and stable soil organic matter formation [J]. Soil Science Society of America Journal, 69(6): 1730-1736.

MYERS R T, ZAK D R, WHITE D C, et al., 2001. Landscape-level patterns of microbial community composition and substrate use in upland forest ecosystems [J]. Soil Science Society of America Journal, 65(2): 359-367.

NAAFS D F, 2004. What are humic substances? A molecular approach to the study of organic matter in acid soils [D]. Utrecht: Utrecht University.

NEFF J C, TOWNSEND A R, GLEIXNER G, et al., 2002. Variable effects of nitrogen additions on the stability and turnover of soil carbon [J]. Nature, 419(6910): 915-917.

NG E L, PATTI A F, ROSE M T, et al., 2014. Does the chemical nature of soil carbon drive the structure and functioning of soil microbial communities? [J]. Soil Biology & Biochemistry, 70: 54-61.

NGUYEN C, 2003. Rhizodeposition of organic C by plants: mechanisms and controls [J]. Agronomie, 23: 375-396.

NIEROP K G, PULLEMAN M M, MARINISSEN J C Y, 2001. Management induced organic matter differentiation in grassland and arable soil: a study using pyrolysis techniques [J]. Soil Biology & Biochemistry, 33(6): 755-764.

NOTTINGHAM A T, HICKS L C, CCAHUANA A J Q, et al., 2017. Nutrient limitations to bacterial and fungal growth during cellulose decomposition in tropical forest soils [J]. Biology & Fertility of Soils, 54: 219-228.

NOTTINGHAM A T, TURNER B L, CHAMBERLAIN P M, et al., 2012. Priming and microbial nutrient limitation in lowland tropical forest soils of contrasting fertility [J]. Biogeochemistry, 111(1-3): 219-237.

NOTTINGHAM A T, TURNER B L, STOTT A W, et al., 2015. Nitrogen and phosphorus constrain labile and stable carbon turnover in lowland tropical forest soils [J]. Soil Biology & Biochemistry, 80: 26-33.

NÖMMIK H, VAHTRAS K, 1982. Retention and fixation of ammonium and ammonia in soils [J]. Nitrogen in Agricultural Soils, 22: 123-171.

OADES J M, 1988. The retention of organic matter in soils [J]. Biogeochemistry, 5(1): 35-70.

OLIVEIRA D, SCHELLEKENS J, CERRI C, 2016. Molecular characterization of soil organic matter from native vegetation-pasture-sugarcane transitions in Brazil [J]. Science of the Total Envionment, 548: 450-462.

PAN Y, BIRDSEY R A, FANG J, et al., 2011. A large and persistent carbon sink in the World's forests [J]. Science, 333(6045): 988-993.

Paterson E, Sim A, 2013. Soil-specific response functions of organic matter mineralization to the availability of labile carbon [J]. Global Change Biology, 19(5): 1562-1571.

PAUSCH J, ZHU B, KUZYAKOV Y, et al., 2013. Plant inter-species effects on rhizosphere priming of soil organic matter decomposition [J]. Soil Biology & Biochemistry, 57: 91-99.

PEACOCK A D, MULLEN M D, RINGELBERG D B, et al., 2001. Soil microbial community responses to dairy manure or ammonium nitrate applications [J]. Soil Biology & Biochemistry, 33(7-8): 1011-1019.

PEÑUELAS J, POULTER B, SARDANS J, et al., 2013. Human-induced nitrogen-phosphorus imbalances alter natural and managed ecosystems across the globe [J]. Nature Communications, 4: 2934.

PEÑUELAS, J, SARDANS J, RIVASUBACH A, et al., 2015. The human-induced imbalance between C, N and P in Earth's life system [J]. Global Change Biology, 18(1): 3-6.

PERVEEN N, BAROT, S, MAIRE V, et al., 2019. Universality of priming effect: an analysis using thirty five soils with contrasted properties sampled from five continents [J]. Soil Biology & Biochemistry, 134: 162-171.

PHILLIPS D L, GREGG J W, 2001. Uncertainty in source partitioning using stable isotopes [J]. Oecologia, 127(2): 171-179.

PHILLIPS D L, NEWSOME S D, GREGG J W, et al., 2005. Combining sources in stable isotope mixing models: alternative methods [J]. Oecologia, 144(4): 520-527.

PHILLIPS R P, BERNHARDT E S, SCHLESINGER W H, 2009. Elevated CO_2 increases root exudation from loblolly pine (*Pinus taeda*) seedlings as an N-mediated response [J]. Tree Physiology, 29: 1513-1523.

PHILLIPS R P, FINZI A C, BERNHARDT E S, 2011. Enhanced root exudation induces microbial feedbacks to N cycling in a pine forest under long-term CO_2 fumigation [J]. Ecology Letters, 14(2): 187-194.

PISANI O, FREY S D, SIMPSON J, et al., 2015. Soil warming and nitrogen deposition alter soil organic matter composition at the molecular-level [J]. Biogeochemistry, 123(3): 391-409.

PLANTE A, PARTON W, 2007. The dynamics of soil organic matter and nutrient cycling [J]. Soil Microbiology, Ecology & Biochemistry, 3: 433-467.

POEPLAU C, BOLINDER M A, KIRCHMANN H, et al., 2016. Phosphorus fertilisation under nitrogen limitation can deplete soil carbon, stocks: evidence from Swedish meta-replicated long-term field experiments [J]. Biogeosciences, 13(4): 1119-1127.

POWERS J S, SCHLESINGER W H, 2002. Relationships among soil carbon distributions and biophysical factors at nested spatial scales in rain forests of northeastern Costa Rica [J]. Geoderma, 109(3): 165-190.

PREGITZER K S, BURTON A J, ZAK D R, et al., 2008. Simulated chronic nitrogen deposition increases carbon storage in Northern Temperate forests [J]. Global Change Biology, 14(1): 142-153.

PRESTON C M, TROFYMOW J A, NAULT J R, 2012. Decomposition and change in N and organic composition of small-diameter Douglas-fir woody debris over 23 years [J]. Canadian Journal of Forest Research, 42(6): 1153-1167.

PULLEMAN M M, MARINISSEN J C Y, 2004. Physical protection of mineralizable C in aggregates from long-term pasture and arable soil [J]. Geoderma, 120(3-4): 273-282.

QIAO N, SCHAEFER D, BLAGODATSKAYA E, et al., 2014. Labile carbon retention compensates for CO_2 released by priming in forest soils [J]. Global Change Biology, 20(6): 1943−1954.

QIN J, LIU H, ZHAO J, et al., 2020. The roles of bacteria in soil organic carbon accumulation under nitrogen deposition in *Stipa baicalensis* Steppe [J]. Microorganisms, 8: 326−338.

QIU Q, WU L, OUYANG Z, et al., 2016. Priming effect of maize residue and urea N on soil organic matter [J]. Applied Soil Ecology, 100: 65−74.

QUINN T R, CANHAM C D, WEATHERS K C, et al., 2009. Increased tree carbon storage in response to nitrogen deposition in the US [J]. Nature Geoscience, 3(1): 13−17.

RALPH J, HATFIELD R D, 1991. Pyrolysis-GC-MS characterization of forage materials [J]. Journal of Agricultural & Food Chemistry, 39(8): 1426−1437.

RASMUSSEN C, SOUTHARD R J, HORWATH W R, 2007. Soil mineralogy affects conifer forest soil carbon source utilization and microbial priming [J]. Soil Science Society of America Journal, 71(4): 1141−1150.

ROSCOE R, BUURMAN P, 2003. Tillage effects on soil organic matter in density fractions of a Cerrado Oxisol [J]. Soil & Tillage Research, 70(2): 107−119.

ROUSK J, BROOKES P C, BÅÅTH E, 2010. Investigating the mechanisms for the opposing pH relationships of fungal and bacterial growth in soil [J]. Soil Biology & Biochemistry, 42: 926−934.

ROUSK K, MICHELSEN A, ROUSK J, 2016. Microbial control of soil organic matter mineralisation responses to labile carbon in subarctic climate change treatments [J]. Global Change Biology, 22(12): 4150−4161.

SAGOVA-MARECKOVA M, ZADOROVA T, PENIZEK V, et al., 2016. The structure of bacterial communities along two vertical profiles of a deep colluvial soil [J]. Soil Biology & Biochemistry, 101: 65−73.

SAIYA-CORK K, SINSABAUGH R, ZAK D, 2002. The effects of long term nitrogen deposition on extracellular enzyme activity in an *Acer saccharum* forest soil [J]. Soil Biology & Biochemistry, 34: 1309−1315.

SALLIH Z, BOTTNER P, 1988. Effect of wheat (*Tritium aestivum*) roots on mineralization rates of soil organic matter [J]. Biology & Fertility of Soils, 7: 67−70.

SCHELLEKENS J, BUURMAN P, XABIER P, 2009. Selecting parameters for the environmental interpretation of peat molecular chemistry: a pyrolysis-GC/MS study [J]. Organic Geochemistry, 40(6): 678−691.

SCHIMEL J, BALSER T C, WALLENSTEIN M, 2007. Microbial stress-response physiology and its implications for ecosystem function [J]. Ecology, 88(6): 1386−94.

SCHLESINGER W H, ANDREWS J A, 2000. Soil respiration and the global carbon cycle [J]. Biogeochemistry, 48(1): 7−20.

SCHMATZ R, RECOUS S, AITA C, et al., 2017. Crop residue quality and soil type influence the priming effect but not the fate of crop residue C [J]. Plant and Soil, 414: 229−245.

SCHNEIDER T, KEIBLINGER K M, SCHMID E, et al., 2012. Who is who in litter decomposition? Metaproteomics reveals major microbial players and their biogeochemical functions [J]. The ISME Journal, 6(9): 1749−1762.

SCHRUMPF M, KAISER K, GUGGENBERGER G, et al., 2013. Storage and stability of organic carbon in soils as related to depth, occlusion within aggregates, and attachment to minerals [J]. Biogeosciences, 10: 1675−1691.

SHAHBAZ M, KUZYAKOV Y, MAQSOOD S, et al., 2016. Decadal nitrogen fertilization decreases mineral-associated and subsoil carbon: a 32 year study [J]. Land Degradation & Development, 28(4): 1463−1472.

SHAHBAZ M, KUZYAKOV Y, SANAULLAH M, et al., 2017. Microbial decomposition of soil organic matter is mediated by quality and quantity of crop residues: mechanisms and thresholds [J]. Biology & Fertility of Soils, 53(3): 287−301.

SHENG W, YU G, FANG H, et al., 2014. Sinks for inorganic nitrogen deposition in forest ecosystems with low and high nitrogen deposition in China [J]. PloS ONE, 9(2): e89322.

SHRESTHA M, WOLF-RAINER A, SHRESTHA P M, et al., 2008. Activity and composition of methanotrophic bacterial communities in planted rice soil studied by flux measurements, analyses of *pmoA* gene and stable isotope probing of phospholipid fatty acids [J]. Environmental Microbiology, 10(2): 400−412.

SIMONEIT B, ROGGE W, LANG Q, et al., 2000. Molecular characterization of smoke from campfire burning of pine wood (*Pinus elliottii*) [J]. Chemosphere-Global Change Science, 2: 107−122.

SINSABAUGH R L, GALLO M E, LAUBER C, et al., 2005. Extracellular enzyme activities and soil organic matter dynamics for northern hardwood forests receiving simulated nitrogen deposition [J]. Biogeochemistry, 75(2): 201−215.

SINSABAUGH R L, LAUBER C L, WEINTRAUB M N, et al., 2008. Stoichiometry of soil enzyme activity at global scale [J]. Ecology Letters, 11(11): 1252−1264.

SINSABAUGH R L, 2010. Phenol oxidase, peroxidase and organic matter dynamics of soil [J]. Soil Biology & Biochemistry, 42(3): 391−404.

SINSABAUGH R, MOORHEAD D, 1994. Resource allocation to extracellular enzyme production: a model for nitrogen and phosphorus control of litter decomposition [J]. Soil Biology & Biochemistry, 26(10): 1305−1311.

SISTLA S A, ASAO S, SCHIMEL J P, 2012. Detecting microbial N-limitation in tussock tundra soil: implications for arctic soil organic carbon cycling [J]. Soil Biology & Biochemistry, 55: 78−84.

SIX J, CONANT R T, PAUL E A, et al., 2002. Stabilization mechanisms of soil organic matter: implications for C-saturation of soils [J]. Plant and Soil, 241(2): 155−176.

SIX J, PAUSTIAN K, 2014. Aggregate-associated soil organic matter as an ecosystem property and a measurement tool [J]. Soil Biology & Biochemistry, 68: A4−A9.

SMITH A P, MARÍN-SPIOTTA E, DE GRAAFF M A, et al., 2014. Microbial community structure varies across soil organic matter aggregate pools during tropical land cover change [J]. Soil Biology & Biochemistry, 77: 292−303.

SOLLINS P, HOMANN P, CALDWELL B A, 1996. Stabilization and destabilization of soil organic matter: mechanisms and controls [J]. Geoderma, 74(1−2): 65−105.

SOLOMON D, LEHMANN J, KINYANGI J, et al., 2007. Long-term impacts of anthropogenic perturbations on dynamics and speciation of organic carbon in tropical forest and subtropical grassland ecosystems [J]. Global Change Biology, 13(2): 511−530.

SPACCINI R, MBAGWU J S, CONTE P, et al., 2006. Changes of humic substances characteristics from forested to cultivated soils in Ethiopia [J]. Geoderma, 132(1): 9-19.

STEINWEG J M, DUKES J S, PAUL E A, et al., 2013. Microbial responses to multi-factor climate change: effects on soil enzymes [J]. Frontiers in Microbiology, 4: 146.

STEMMER M, GERZABEK M H, KANDELER E, 1998. Organic matter and enzyme activity in particle-size fractions of soils obtained after low-energy sonication [J]. Soil Biology & Biochemistry, 30(1): 9-17.

STENSTRÖM J, SVENSSON K, JOHANSSON M, 2001. Reversible transition between active and dormant microbial states in soil [J]. FEMS Microbiology Ecology, 36(2-3): 93-104.

STERNER R, ELSER J, 2003. Ecological Stoichiometry: Biology of Elements from Molecules to the biosphere [J]. Journal of Plankton Research, 25(9): 1183-1184.

STEVENS C J, 2019. Nitrogen in the environment [J]. Science, 363: 578-580.

STONE M M, DEFOREST J L, PLANTE A F, 2014. Changes in extracellular enzyme activity and microbial community structure with soil depth at the Luquillo Critical Zone Observatory [J]. Soil Biology & Biochemistry, 75: 237-247.

SULLIVAN B W, HART S C, 2013. Evaluation of mechanisms controlling the priming of soil carbon along a substrate age gradient [J]. Soil Biology & Biochemistry, 58: 293-301.

SUN T, HOBBIE S E, BERG B, et al., 2018. Contrasting dynamics and trait controls in first-order root compared with leaf litter decomposition [J]. Proceedings of the National Academy of Sciences of the United States of America, 115(41): 10392-10397.

SUN X, TANG Z, RYAN M G, et al., 2019. Changes in soil organic carbon contents and fractionations of forests along a climatic gradient in China [J]. Forest Ecosystems, 6(1): 1-12.

SWIFT M, HEAL O, ANDERSON J, 1979. Decomposition in Terrestrial Ecosystems [M]. Oxford: Blackwell Scientific Publications.

TANG Y, YU G, ZHANG X, et al., 2018. Different strategies for regulating free-living

N_2 fixation in nutrient-amended subtropical and temperate forest soils [J]. Applied Soil Ecology, 136: 21-29.

TANG C, UNKOVICH M J, BOWDEN J W, 1999. Factors affecting soil acidification under legumes. III. Acid production by N_2-fixing legumes as influenced by nitrate supply [J]. New Phytologist, 143: 513-521.

TAO B, WANG Y, YU Y, et al., 2018. Interactive effects of nitrogen forms and temperature on soil organic carbon decomposition in the coastal wetland of the Yellow River Delta, China [J]. Catena, 165: 408-413.

THEUERL S, FRANÇOIS B, 2010. Laccases: toward disentangling their diversity and functions in relation to soil organic matter cycling [J]. Biology & Fertility of Soils, 46(3): 215-225.

THORN K A, MIKITA M A, 1992. Ammonia fixation by humic substances: a nitrogen-15 and carbon-13 NMR study [J]. Science of the Total Environment, 113(1): 67-87.

THOMAS D C, ZAK D R, FILLEY T R, 2012. Chronic N deposition does not apparently alter the biochemical composition of forest floor and soil organic matter [J]. Soil Biology & Biochemistry, 54: 7-13.

THOMAS R Q, CANHAM C D, WEATHERS K C, et al., 2010. Increased tree carbon storage in response to nitrogen deposition in the US [J]. Nature Geoscience, 3(1): 13-17.

THORNTON P E, DONEY S C, LINDSAY K, et al., 2009. Carbon-nitrogen interactions regulate climate-carbon cycle feedbacks: results from an atmosphere-ocean general circulation model [J]. Biogeosciences, 6(10): 2099-2120.

TIAN P, LIU S, WANG Q, et al., 2019. Organic N deposition favours soil C sequestration by decreasing priming effect [J]. Plant and Soil, 445: 439-451.

TISCHER A, BLAGODATSKAYA E, HAMER U, et al., 2015. Microbial community structure and resource availability drive the catalytic efficiency of soil enzymes under land-use change conditions [J]. Soil Biology & Biochemistry, 89: 226-237.

TISDALL J M, 1991. Fungal hyphae and structural stability of soil [J]. Soil Research, 29(6): 729-743.

TOWNSEND F C, 1971. Effects of amorphous constituents on some mineralogical and chemical properties of a Panamanian Latosol [J]. Clays & Clay Minerals, 19(5): 303-310.

TRESEDER K K, 2008. Nitrogen additions and microbial biomass: a meta-analysis of ecosystem studies [J]. Ecology letters, 11(10): 1111-1120.

TRIPATHI S K, KUSHWAHA C P, SINGH K P, 2008. Tropical forest and savanna ecosystems show differential impact of N and P additions on soil organic matter and aggregate structure [J]. Global Change Biology, 14(11): 2572-2581

TRUMBORE S E, 1997. Potential responses of soil organic carbon to global environmental change [J]. Proceedings of the National Academy of Sciences of the United States of America, 94(16): 8284-8291.

TURLAPATI S A, MINOCHA R, BHIRAVARASA P S, et al., 2013. Chronic N-amended soils exhibit an altered bacterial community structure in Harvard Forest, MA, USA [J]. FEMS Microbiology Ecology, 83(2): 478-493.

TURNER B L, WRIGHT S J, 2014. The response of microbial biomass and hydrolytic enzymes to a decade of nitrogen, phosphorus, and potassium addition in a lowland tropical rain forest [J]. Biogeochemistry, 117(1): 115-130.

ULTRA V U, HAN S H, KIM D H, 2013. Soil properties and microbial functional structure in the rhizosphere of *Pinus densiflora* exposed to elevated atmospheric temperature and carbon dioxide [J]. Journal of Forest Research, 18(2): 149-158.

USHIO M, FUJIKI Y, HIDAKA A, et al., 2015. Linkage of root physiology and morphology as an adaptation to soil phosphorus impoverishment in tropical montane forests [J]. Functional Ecology, 29(9): 1235-1245.

USSIRI D, JOHNSON C E, 2003. Characterization of organic matter in a northern hardwood forest soil by ^{13}C NMR spectroscopy and chemical methods [J]. Geoderma, 111(1-2): 123-149.

VALLINA S M, LE QUÉRÉ C, 2008. Preferential uptake of NH_4^+ over NO_3^- in marine ecosystem models: a simple and more consistent parameterization [J]. Ecological Modelling, 218(3): 393-397.

VAN HEEMST J, VAN BERGEN P, STANKIEWICZ B, et al., 1999. Multiple sources of alkylphenols produced upon pyrolysis of DOM, POM and recent sediments [J]. Journal of Analytical & Applied Pyrolysis, 52: 239−256.

VESTERDAL L, ELBERLING B, CHRISTIANSEN J R, et al., 2012. Soil respiration and rates of soil carbon turnover differ among six common European tree species [J]. Forest Ecology and Management, 185−196.

VET R, ARTZ R, CAROU S, et al., 2014. A global assessment of precipitation chemistry and deposition of sulfur, nitrogen, sea salt, base cations, organic acids, acidity and pH, and phosphorus [J]. Atmospheric Environment, 93: 3−100.

VITOUSEK P M, ABER J D, HOWARTH R W, et al., 1997. Human alteration of the global nitrogen cycle: sources and consequences [J]. Ecological Applications, 7(3): 737−750.

VITOUSEK P M, PORDER S, HOULTON B Z, et al., 2010. Terrestrial phosphorus limitation: mechanisms, implications, and nitrogen-phosphorus interactions [J]. Ecological Applications, 20(1): 5−15.

VITOUSEK P M, WALKER L R, MATSON W P A, 1993. Nutrient limitations to plant growth during primary succession in Hawaii Volcanoes National Park [J]. Biogeochemistry, 23(3): 197−215.

VON LÜTZOW, I. KÖGELkgNABNER, EKSCHMITT K, et al., 2006. Stabilization of organic matter in temperate soils: mechanisms and their relevance under different soil conditions: a review [J]. European Journal of Soil Science, 57(4): 426−445.

VON LÜTZOW, KOGEL-KNABNER I, EKSCHMITT K, et al., 2007. SOM fractionation methods: relevance to functional pools and to stabilization mechanisms [J]. Soil Biology & Biochemistry, 39(9): 2183−2207.

WAGAI R, MAYER L M, KITAYAMA K, 2009. Nature of the "occluded" low-density fraction in soil organic matter studies: a critical review [J]. Soil Science & Plant Nutrition, 55(1): 13−25.

WALDROP M P, ZAK D R, SINSABAUGH R L, et al., 2004a. Nitrogen deposition modifies soil carbon storage through changes in microbial enzymatic activity [J]. Ecological Applications, 14(4): 1172−1177.

WALDROP M P, ZAK D R, SINSABAUGH R L, 2004b. Microbial community response to nitrogen deposition in northern forest ecosystems [J]. Soil Biology & Biochemistry, 36(9): 1443-1451.

WALDROP M P, ZAK D R, 2006. Response of oxidative enzyme activities to nitrogen deposition affects soil concentrations of dissolved organic carbon [J]. Ecosystems, 9(6): 921-933.

WANG C, LU X, MORI T, et al., 2018. Responses of soil microbial community to continuous experimental nitrogen additions for 13 years in a nitrogen-rich tropical forest [J]. Soil Biology & Biochemistry, 121: 103-112.

WANG Q, CHEN L, YANG Q, et al., 2019. Different effects of single versus repeated additions of glucose on the soil organic carbon turnover in a temperate forest receiving long-term N addition [J]. Geoderma, 341: 59-67.

WANG Q, WANG Y, WANG S, et al., 2014. Fresh carbon and nitrogen inputs alter organic carbon mineralization and microbial community in forest deep soil layers [J]. Soil Biology & Biochemistry, 72: 145-151.

WANG Q, ZHANG W, SUN T, et al., 2017. N and P fertilization reduced soil autotrophic and heterotrophic respiration in a young Cunninghamia lanceolata forest [J]. Agricultural & Forest Meteorology, 232: 66-73.

WANG R, DORODNIKOV M, DIJKSTRA F A, et al., 2016. Sensitivities to nitrogen and water addition vary among microbial groups within soil aggregates in a semiarid grassland [J]. Biology & Fertility of Soils, 53: 129-140.

WANG X, TANG C, 2018. The role of rhizosphere pH in regulating the rhizosphere priming effect and implications for the availability of soil-derived nitrogen to plants [J]. Annals of Botany, 121(1): 143-151.

WANG Y S, CHENG S L, FANG H J, et al., 2015. Contrasting effects of ammonium and nitrate inputs on soil CO_2 emission in a subtropical coniferous plantation of southern China [J]. Biology & Fertility of Soils, 51(7): 815-825.

WANG Y Y, HSU P K, TSAY Y F, 2012. Uptake, allocation and signaling of nitrate [J]. Trends in Plant Science, 17(8): 458-467.

WANG Y, CHENG S, FANG H, et al., 2014. Simulated nitrogen deposition reduces CH_4 uptake and increases N_2O emission from a subtropical plantation forest soil in southern china [J]. PloS ONE, 9(4): e93571.

WARING B G, WEINTRAUB S R, SINSABAUGH R L, 2014. Ecoenzymatic stoichiometry of microbial nutrient acquisition in tropical soils [J]. Biogeochemistry, 117(1): 101−113.

WEEDON J T, AERTS R, KOWALCHUK G A, et al., 2013. Temperature sensitivity of peatland C and N cycling: Does substrate supply play a role? [J]. Soil Biology & Biochemistry, 61: 109−120.

WEI H X, XU C Y, MA L Y, et al., 2014. Short-term Nitrogen (N)-retranslocation within *Larix olgensis* seedlings is driven to increase by N-deposition: evidence from a simulated ^{15}N experiment in northeast China [J]. International Journal of Agriculture and Biology, 16(6): 1031−104.

WEI Y, YU L F, ZHANG J, et al., 2011. Relationship between vegetation restoration and soil microbial characteristics in degraded karst regions: a case study [J]. Pedosphere, 21(1): 132−138.

WEN D, 2016. Altitudinal patterns and controls of plant and soil nutrient concentrations and stoichiometry in subtropical China [J]. Scientific Reports, 6: 24261.

WIXON D L, BALSER T C, 2013. Toward conceptual clarity: PLFA in warmed soils [J]. Soil Biology & Biochemistry, 57: 769−774.

WOUDE M, BOOMINATHAN K, REDDY C A, 1993. Nitrogen regulation of lignin peroxidase and manganese-dependent peroxidase production is independent of carbon and manganese regulation in Phanerochaete chrysosporium [J]. Archives of Microbiology, 160(1): 1−4.

WU L, ZHANG W, WEI W, et al., 2019. Soil organic matter priming and carbon balance after straw addition is regulated by long-term fertilization [J]. Soil Biology & Biochemistry, 135: 383−391.

XIA J, WAN S, 2008. Global response patterns of terrestrial plant species to nitrogen addition [J]. New Phytologist, 179(2): 428−439.

XIAO W, CHEN X, JING X, et al., 2018. A meta-analysis of soil extracellular enzyme activities in response to global change [J]. Soil Biology & Biochemistry, 123: 21−32.

XIAO W, FENG S, LIU Z, et al., 2017. Interactions of soil particulate organic matter chemistry and microbial community composition mediating carbon mineralization in karst soils [J]. Soil Biology & Biochemistry, 107: 85−93.

XU X K, HAN L, LUO X B, et al., 2009. Effects of nitrogen addition on dissolved N_2O and CO_2, dissolved organic matter, and inorganic nitrogen in soil solution under a temperate old-growth forest [J]. Geoderma, 151(3−4): 370−377.

XU X F, SCHIMEL J P, JANSSENS I A, et al., 2017. Global pattern and controls of soil microbial metabolic quotient [J]. Ecological Monographs, 87(3): 429−441.

XU X F, SCHIMEL J P, THORNTON P E, et al., 2014. Substrate and environmental controls on microbial assimilation of soil organic carbon: a framework for Earth system models [J]. Ecology Letters, 17(5): 547−555.

XU X L, LI Q K, WANG J Y, et al., 2014. Inorganic and organic nitrogen acquisition by a fern dicranopteris dichotoma in a subtropical forest in south China [J]. PloS ONE, 9(5): 90075.

XU X, SHI Z, LI D, et al., 2016. Soil properties control decomposition of soil organic carbon: results from data-assimilation analysis [J]. Geoderma, 262: 235−242.

XU Z, YU G, ZHANG X, et al., 2017. Soil enzyme activity and stoichiometry in forest ecosystems along the North-South Transect in Eastern China (NSTEC) [J]. Soil Biology & Biochemistry, 104(1): 152−163.

YAN L, XU X, XIA J, et al., 2019. Different impacts of external ammonium and nitrate addition on plant growth in terrestrial ecosystems: a meta-analysis [J]. Science of the Total Environment, 686: 1010−1018.

YAVMETDINOV I S, STEPANOVA E V, GAVRILOVA V P, et al., 2003. Isolation and characterization of humin-like substances produced by wood-degrading white rot fungi [J]. Applied Biochemistry & Microbiology, 39(3): 257−264.

YOKOYAMA D, IMAI N, KITAYAMA K, 2017. Effects of nitrogen and phosphorus fertilization on the activities of four different classes of fine-root and soil phosphatases in Bornean tropical rain forests [J]. Plant and Soil, 416: 463−476.

YU G, JIA Y, HE N, et al., 2019. Stabilization of atmospheric nitrogen deposition in China over the past decade [J]. Nature Geoscience, 12(6): 1−6.

YU H, DING W, LUO J, et al., 2012. Effects of long-term compost and fertilizer application on stability of aggregate-associated organic carbon in an intensively cultivated sandy loam soil [J]. Biology & Fertility of Soils, 48(3): 325-336.

YUE K, PENG Y, PENG C, et al., 2016. Stimulation of terrestrial ecosystem carbon storage by nitrogen addition: a meta-analysis [J]. Scientific Reports, 6: 19895.

ZAEHLE S, CIAIS P, FRIEND A D, et al., 2011. Carbon benefits of anthropogenic reactive nitrogen offset by nitrous oxide emissions [J]. Nature Geoscience, 4(9): 601-605.

ZAK D R, HOLMES W E, BURTON A J, et al., 2008. Simulated atmospheric NO_3^- deposition increases soil organic matter by slowing decomposition [J]. Ecological Applications, 18(8): 2016-2027.

ZAMANIAN K, ZAREBANADKOUKI M, KUZYAKOV Y, 2018. Nitrogen fertilization raises CO_2 efflux from inorganic carbon: a global assessment [J]. Global Change Biology, 24: 2810-2817.

ZECHMEISTER-BOLTENSTERN S, KEIBLINGER K M, MOOSHAMMER M, et al., 2015. The application of ecological stoichiometry to plant-microbial-soil organic matter transformations [J]. Ecological Monographs, 85(2): 133-155.

ZHANG C, ZHANG X Y, ZOU H T, et al., 2017. Contrasting effects of ammonium and nitrate additions on the biomass of soil microbial communities and enzyme activities in subtropical China [J]. Biogeosciences, 14(20): 4815-4827.

ZHANG J J, DOU S, SONG X Y, 2009. Effect of long-term combined nitrogen and phosphorus fertilizer application on ^{13}C CPMAS NMR spectra of humin in a typic Hapludoll of northeast China [J]. European Journal of Soil Science, 60(6): 966-973.

ZHANG J, HU J, WANG J, et al., 2015. *Bacillus asahii* comes to the fore in organic manure fertilized alkaline soils [J]. Soil Biology & Biochemistry, 81: 186-194.

ZHANG W, WANG S, 2012. Effects of NH_4^+ and NO_3^- on litter and soil organic carbon decomposition in a Chinese fir plantation forest in South China [J]. Soil Biology & Biochemistry, 47: 116-122.

ZHANG X, YANG Y, ZHANG C, et al., 2017. Contrasting responses of phosphatase kinetic parameters to nitrogen and phosphorus additions in forest soils [J]. Functional Ecology, 32(1): 106-116.

ZHAO K, WU Y, 2014. Rhizosphere calcareous soil P-extraction at the expense of organic carbon from root-exuded organic acids induced by phosphorus deficiency in several plant species [J]. Soil Science & Plant Nutrition, 60(5): 640−650.

ZHAO W, ZHANG J, CHRISTOPH M, et al., 2016. Mechanisms behind the stimulation of nitrification by N input in subtropical acid forest soil [J]. Journal of Soils & Sediments, 17: 2338−2345.

ZHENG J, CHEN J, PAN G, et al., 2016. Biochar decreased microbial metabolic quotient and shifted community composition four years after a single incorporation in a slightly acid rice paddy from southwest China [J]. Science of the Total Environment, 571: 206−217.

ZHONG X L, LI J T, LI X J, et al., 2017. Physical protection by soil aggregates stabilizes soil organic carbon under simulated N deposition in a subtropical forest of China [J]. Geoderma, 285: 323−332.

ZHOU Z H, WANG C K, 2015. Reviews and syntheses: soil resources and climate jointly drive variations in microbial biomass carbon and nitrogen in China's forest ecosystems [J]. Biogeosciences, 12(22): 6751−6760.

ZHOU Z, WANG C, ZHENG M, et al., 2017. Patterns and mechanisms of responses by soil microbial communities to nitrogen addition [J]. Soil Biology & Biochemistry, 115: 433−441.

ZHU J, HE N, WANG Q, et al., 2015. The composition, spatial patterns, and influencing factors of atmospheric wet nitrogen deposition in Chinese terrestrial ecosystems [J]. Science of the Total Environment, 511(1): 777−785.

ZIMMERMAN A R, GAO B, AHN M Y, 2011. Positive and negative carbon mineralization priming effects among a variety of biochar-amended soils [J]. Soil Biology & Biochemistry, 43(6): 1169−1179.